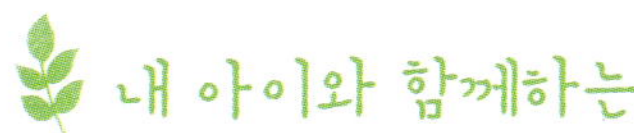

테마가 있는
주말요리 20

백성진 지음

아라크네

WELCOME TO
구츠구츠 mama's cook

─오늘의 메뉴─

Part 1 아이가 참 좋아하는 일품 요리

매주 한 끼,
사랑을 표현하는 시간

2011년 여름. 내 배 속에서는 세 번째 생명이 자라고 있었다. 하지만 기쁨도 잠시. 심한 입덧 때문에 너무나도 힘이 들었다. 결국 큰 아이의 유치원 여름 방학 기간을 이용해 아이들과 함께 놀러 가려는 계획은 물거품이 되고 말았다. 여름 방학의 추억을 담은 사진들을 앨범에 붙이는 과제가 있었는데 아무것도 한 게 없으니 당연히 앨범의 절반도 채우지 못하였다. 그때서야 아이들과 함께 즐길 수 있는 추억거리에 대해, 그리고 아이들에게 해 줄 수 있는 일이 없을지 생각하기 시작하였다. 그리고 마침내 내 고민의 종착지에 다다랐다.

"매일 아이들과 마주 앉아 먹는 밥이지만 아이들의 기억에 남을, 그리고 함께 즐길 수 있는 그런 식탁을 준비해 보자."

처음에는 순탄치가 않았다. 특히 둘째 아이가 호기심에 가득 찬 눈빛을 보냈다. 아이는 평소와는 다른 테이블 세팅을 마냥 신기해했고 거기에 올려져 있는 수저와 젓가락 그리고 매트 등을 끌어내리는 것에 재미를 붙였다. 결국 수십 번에 걸쳐 세팅을 다시 할 수밖에 없었다.

하지만 언제까지나 전쟁일 것만 같았던 나의 '마마스 쿡'은 설렘을 안은 아이들이 먼저 기다리는, 일주일 중에 단 한 번 있는 작은 즐거움으로 바뀌었다.

일주일에 한 끼, 나는 오직 아이들만을 위해 메뉴를 결정하고 테이블을 세팅하며 그리고 요리한다. 아이들과 함께 온전히 그 시간을 만끽하고 기억하기 위해.

—유나, 리아, 라이라의 엄마
백 성 진

마마스 쿡이란?

누구의 눈치를 볼 필요도, 그 어떤 규율에도 얽매일 필요 없이 아이들과 느긋하게 맛있는 음식을 먹으면서 즐거운 시간을 보낼 것. 그것이 마마스 쿡의 유일한 규칙이다.

아이들에게 단순히 밥을 먹이기 위한 식사가 아닌 함께 음식을 즐겁게 먹기. 애써 만든 매트가 더러워질까 봐 또는 아끼는 그릇이 깨질까 봐 걱정하기보다는 아이와 함께하는 식사 시간에 충실하기. 세상에서 가장 느긋하고 평온한 그곳, 바로 우리 집 식탁이 마마스 쿡이다.

마마스 쿡은 아이와 엄마가 함께 공유하는 식사를 통해 아이와의 유대감을 형성하고 올바른 '식食'습관에 대한 교육과 더불어 전반적인 인성 향상을 목표로 두고 있다.

구즈구즈 mama's cook

주인은 엄마, 아이는 손님

아이들이 가장 즐겨하는 놀이 중에 역할 놀이가 있다. 식탁을 준비하고 아이들을 불러서는 "어서 오세요. 오늘의 메뉴는 ○○○입니다" "주문하신 ○○○이 나왔습니다" 등의 대화로 분위기를 돋우어 보자. 새로운 놀이에 빠진 아이들은 가슴이 부풀어 올라 맡은 역할에 충실하기 위해 손님으로서 최선의 노력을 한다. 놀이 상대가 세상에서 가장 좋아하는 '엄마, 아빠'라는 사실에 아이들의 기쁨은 배가 된다. 간단하게 서빙을 돕거나 조리가 가능한 나이라면 셰프나 웨이터 등으로 역할을 바꾸어 연출하는 것도 좋다. 이러한 다양한 역할 놀이는 아이의 사회성 발달에 큰 도움을 줄 수 있다.

청결과 안전 교육은 기본!

아이가 엄마를 도와주고 싶어 한다면 음식을 만들기 전에 앞치마와 머릿수건을 반드시 하고 손을 깨끗이 씻게 한다. 그래서 아이에게 음식 만들기의 기본은 청결임을 상기시킨다. 또한 프라이팬을 사용할 때에는 가열된 상태이기 때문에 기름이 튈 수 있음을 알려 주고 되도록 이면 옆에 있지 않도록 주의시킨다. 뜨거운 그릴이나 오븐 토스터, 날카로운 칼을 사용할 때 또한 마찬가지다. 요리는 즐겁고 재미있는 놀이이지만 한편으로는 위험한 물건들을 다루는 부담스런 과정이기도 하다. 그러므로 요리를 시작하기 전에 아이에게 청결과 안전 교육을 반드시 실시하도록 한다.

식사 시간 만큼은 잔소리도 스톱!!

'개도 밥 먹을 때는 안 건드린다(?)'는 우스갯소리가 있듯이 식사 도중에 잔소리나 야단치는 일은 삼가도록 하자. 식사 시간 중에 하는 잔소리는 아이에게 심한 스트레스로 작용하여 소화불량을 일으킬 수 있으며, 이는 식욕 감퇴로 이어진다. 심하게는 식사 시간 자체를 싫어할 수도 있다. 식사 시간은 가장 즐거운 소통의 시간이 되어야 한다. 아이에게 "이거 정말 맛있다, 그치?" "오늘은 정말 밥을 예쁘게 먹네." 등의 다정한 말 한마디와 따뜻한 미소, 진심을 담은 아이와의 눈 맞춤을 보여 줄 수 있는 여유를 갖도록 하자.

식사에 대한 점수를 매기지 말자

엄마 입장에서는 매트나 피크 등의 각종 소품 챙기기에서부터 음식 만들기, 담기, 세팅까지를 준비하느라 엄청난 노력과 정성을 쏟는다. 그렇다고 영화나 드라마에서처럼 매번 아이들이 격렬한 호응을 보이며 바르게 앉아 음식을 흘리지 않고 깨끗하게 그릇을 비울 것이라는 기대는 금물. '엄마가 힘들게 만들었는데…….'에 대한 보상으로 아이와의 식사 시간에 점수를 매기지 말자. 아이가 그 시간을 즐겁게 보내지 못하거나 관심이 없어서 호응을 해 주지 못하거나 또는 음식을 흘리거나 남기더라도 짜증 내거나 잔소리하지 말자. 마마스 쿡은 어디까지나 엄마와 아이가 함께 즐거운 시간을 보내기 위한 수단일 뿐이다.

🌱 메뉴 설정

아이들이 좋아하는 메뉴에서부터 시작하는 것이 좋다. 평소와는 다른 상차림이 아이들에게 설레고 즐거울 수도 있지만 반면에 적잖은 거부감과 위화감을 조성할 수도 있기 때문이다. 그리고 한 번에 다 먹을 수 있는 양보다는 약간 적게 준비하는 것이 좋다.

🌱 영양의 밸런스

메인 메뉴에서 사이드 메뉴까지 5대 영양소를 전부 섭취할 수 있도록 하자. 3세 이상부터 주 에너지원이 되는 탄수화물과 몸을 구성하는 단백질, 각종 호르몬을 만들어 주는 지방, 그리고 칼슘과 무기질이 필요하다. 비타민도 잊지 말자.

🌱 평소와는 다른 1인분 담기

우리나라는 가족이 한데 담긴 반찬을 함께 먹는다. 하지만 이렇게 하면 아이들이 먹는 데 조금 불편하고 번거로울 수 있으므로 각자 먹을 수 있는 분량에 맞춰 1인분씩 담아 보자. 아이들에게 한 끼 식사의 '분량' 개념을 인식시킬 수 있고 그에 따른 책임감, 또 다 먹었을 때의 성취감 등을 경험하게 할 수 있다.

🌱 예쁘고 귀여운 소품으로 분위기 업!

소위 말하는 '집밥'과 '나가서 먹는 밥'의 차이는 작은 소품이다. '오늘의 메뉴'를 크레용이나 색연필로 간단하게 써서 식탁에 세워 두거나 귀여운 그림을 그려 각자의 자리에 올려놔 보자. 또한 같은 메뉴라도 썰기나 담기를 조금만 달리해도 아이들에겐 전혀 색다른 요리가 된다. 모양틀로 모양 낸 채소나 김, 치즈, 케첩 등을 이용해 예쁘게 꾸며 내면 먹는 기쁨에 보는 즐거움이 더해진다.

계량

1컵 200cc　　　1큰술 15ml(밥숟가락 기준)　　　1작은술 5ml(찻숟가락 기준)

계량도구가 없을 경우

계량스푼 1큰술 = 15ml, 밥숟가락 1큰술 = 10~12ml, 계량스푼 1큰술 = 밥숟가락 1과 1/3큰술

▶ 계량컵은 200ml, 종이컵도 거의 비슷하므로 계량컵 대신 종이컵을 사용해도 된다.

다시와 조미료

● 요리의 베이스가 되는 다시와 육수

닭육수(치킨 스톡)

마트나 닭을 구입할 수 있는 곳에서 따로 판매하는 육수용 닭뼈를 구입해서 2~3시간 찬물에 담가 핏물을 빼 준다. 물 6컵에 닭뼈 한 마리 분량을 넣고 마늘 2~3톨, 생강 2~3개, 양파 1/2개, 대파의 푸른 잎부분 2~3개, 그 외 쓰다 남은 자투리 채소(당근, 양배추, 무 등)를 적당량 넣고 가열한다. 다시가 끓기 시작하면 시커먼 부유물이 떠오르는데, 그것을 반드시 국자 등으로 깨끗하게 떠낸 후에 본격적으로 육수를 우려내도록 한다. 시판되는 고형(또는 과립형, 희석형)의 치킨 스톡을 이용해도 좋다. 요리에 따라 물 6컵에 닭 한 조각이나 두 조각을 넣고 사용해도 된다.

멸치 다시

집에서 가장 널리 사용되는 육수 중 하나로, 다시용 멸치와 다시마를 이용해 비교적 짧은 시간에 간단하게 우려낼 수 있다. 멸치와 다시마의 조합은 제6의 맛이라 할 수 있는 감칠맛을 최고 3.5배까지 끌어낼 수 있을 정도로 환상적인 조합이다. 물 6컵에 다시마를 담가 충분히 불린 후에 가열한다. 물이 끓기 시작하면 다시마를 건져 내고 머리와 내장을 제거한 다시용 멸치 6~7마리를 넣고 약 7~8분 가열하면 된다.

가쓰오부시 다시

물 6컵(약 1,200cc)에 가쓰오부시 60~70g을 넣고 가열한다. 다시가 확 끓어오르려 할 때, 불을 끄고 고운체나 면포로 걸러 준다. 이때, 사용되는 가쓰오부시는 다시용 가쓰오부시(하나 가쓰오부시)를 사용해야 한다. 또한 가쓰오부시 다시가 끓기 시작한 후에도 계속 가열하면 다시의 맛과 색이 탁해지고 가쓰오부시 특유의 풍미도 날아가므로 반드시 끓기 시작하면 불을 끄도록 한다. 다시마를 함께 사용하면 감칠맛이 배가 된다.

채소 콩소메(채소 스톡)

육류, 채소 따위를 삶아 낸 물을 면포 등에 걸러 낸 맑은 수프를 콩소메라고 한다. 사용되는 고기에 따라 비프 콩소메(소고기의 엉덩이살 사용), 치킨 콩소메, 생선 콩소메 등으로 불리며, 채소만을 이용한 콩소메도 있다. 집에서 콩소메 수프를 우려내기란 여간 힘든 것이 아니다. 장시간 끓여야 하는 것도 문제지만 끓인 후에 기름 떠내기, 수차례 걸러 내기 등 만만치 않은 작업 과정을 거쳐야 하기 때문이다. 편의상 고형(약 6g) 또는 과립형(고형 수프와 동량)으로 시판되고 있는 제품이나 육수를 팩에 담아 판매하는 액상형, 원액을 물에 희석시켜 사용하는 원액형 수프를 사용해도 무방하다.

● 요리의 맛을 살려 주는 조미료와 식재료

미소(왜된장)

왜된장 미소는 크게 두 가지로 나뉘는데 일반적으로
사용되는 연한 노란색의 시로미소와 우리네 된장 같
이 진한 갈색의 아카미소로 나뉜다.
시로미소는 단기간에 숙성 없이 만든 미소로 염도가
낮고 단맛이 나며 일반적인 미소 시루(왜된장국)를 만
드는 데 사용된다. 아카미소는 대두로 만든 미소로 1
년 이상 장기간 숙성시켜 만든다. 염도가 높고 맛의
깊이가 있다.
어떤 미소를 사용하느냐는 본인의 취향이나 염도에
따라 선택한다.

미림

일본 요리에서 가장 중요한 3대 조미료 중의 하나인
미림은 쌀로 만든 요리술이다. 시판 중인 요리술은
여러 종류가 있는데 만드는 과정과 용도가 모두 다
르므로 반드시 '미림味淋'이라고 표기되어 있는 것을
구입하도록 한다.

홀토마토

홀토마토는 이탈리아의 산 마르자노 토마토라는 긴
타원형 토마토의 껍질을 벗기고 삶아 살균 처리해 캔
에 담은 것을 말한다. 굳이 생토마토가 아닌 홀토마
토를 사용하는 이유는 산 마르자노 토마토가 일반 토
마토에 비해 수분과 속에 든 내용물이 적어 같은 양
이라도 훨씬 깊고 진한 맛을 낼 수 있기 때문이다.
물론 가장 좋은 방법은 생 산 마르자노 토마토를 구
해서 조리하는 것이다. 하지만 국내에서는 저렴한 가
격으로 손쉽게 구입하기가 어려우므로 통조림 상태
의 홀토마토를 권장한다. 홀토마토는 토마토 모양을
그대로 살린 것과 잘게 다진 것이 있는데 이는 각자
취향과 조리하는 요리에 맞추어 선택하면 된다.

우스터소스

굴을 원료로 한 중국 조미료로 우리나라에서는 굴소
스라고 부른다. 같은 우스터소스라도 제품에 따라 맛
이 다르므로 취향에 맞게 구입하도록 한다.

어묵

어묵은 제조 과정에 따라 이름이 달라진다. 우리가 보통 알고 있는 어묵은 으깬 생선을 양념해 기름에 튀긴 것이고, 길쭉하고 동그랗게 구멍이 뚫린 어묵은 꼬챙이에 생선살을 발라 구워 낸 것이며, 찐어묵은 말 그대로 생선살을 증기로 쪄 낸 어묵이다. 찐어묵은 다이어트 식으로도 인기가 많다.

베니쇼가(생강 초절임)

일본 장아찌의 한 종류로 덮밥이나 기름기가 많은 음식을 먹을 때 곁들여 먹는다. 오코노미야끼나 타코야끼, 야끼소바 등에도 사용된다. 생강을 가늘게 채 쳐서 붉은 차조기를 넣고 절인 매실장아찌(우메보시)액에 담아 만든다. 색이 붉어 이름도 베니쇼가(붉은 생강)다. 초밥에 곁들여 나오는 얇게 저며 절인 초생강과는 다르다.

고형 콩소메

콩소메를 농축 건조하여 고체화시킨 조미료로, 과립형과 액상형이 있다. 집에서 콩소메나 치킨 스톡 등을 우려내기 어려울 경우에 고형 콩소메를 사용하면 편리하다. 종류에 따라 유아용이나 유기농, 무첨가 제품 등을 판매하므로 꼼꼼하게 체크해 구매한다.

■

이 책에서는 사탕수수 설탕, 정제염 소금, 진간장(일반 간장), 시로미소, 사과 식초를 사용했다. 같은 종류의 조미료라 하더라도 상품마다 염도나 당도가 약간씩 다르기 때문에 어느 정도의 차이는 감안해 가면서 조리하도록 한다.

아이가 참 좋아하는
일품 요리

네가 그 작은 입을 한껏 벌리고 샌드위치를 베어 무는 모습에서
엄마는 끝없는 생명력을 느낀단다.

첫 번째 식탁

─ 아이와 함께하는 조금은 느긋한 주말 브런치 ─

MENU

새우 게살 샌드위치+치킨 크림 스튜+마카로니 샐러드+우유

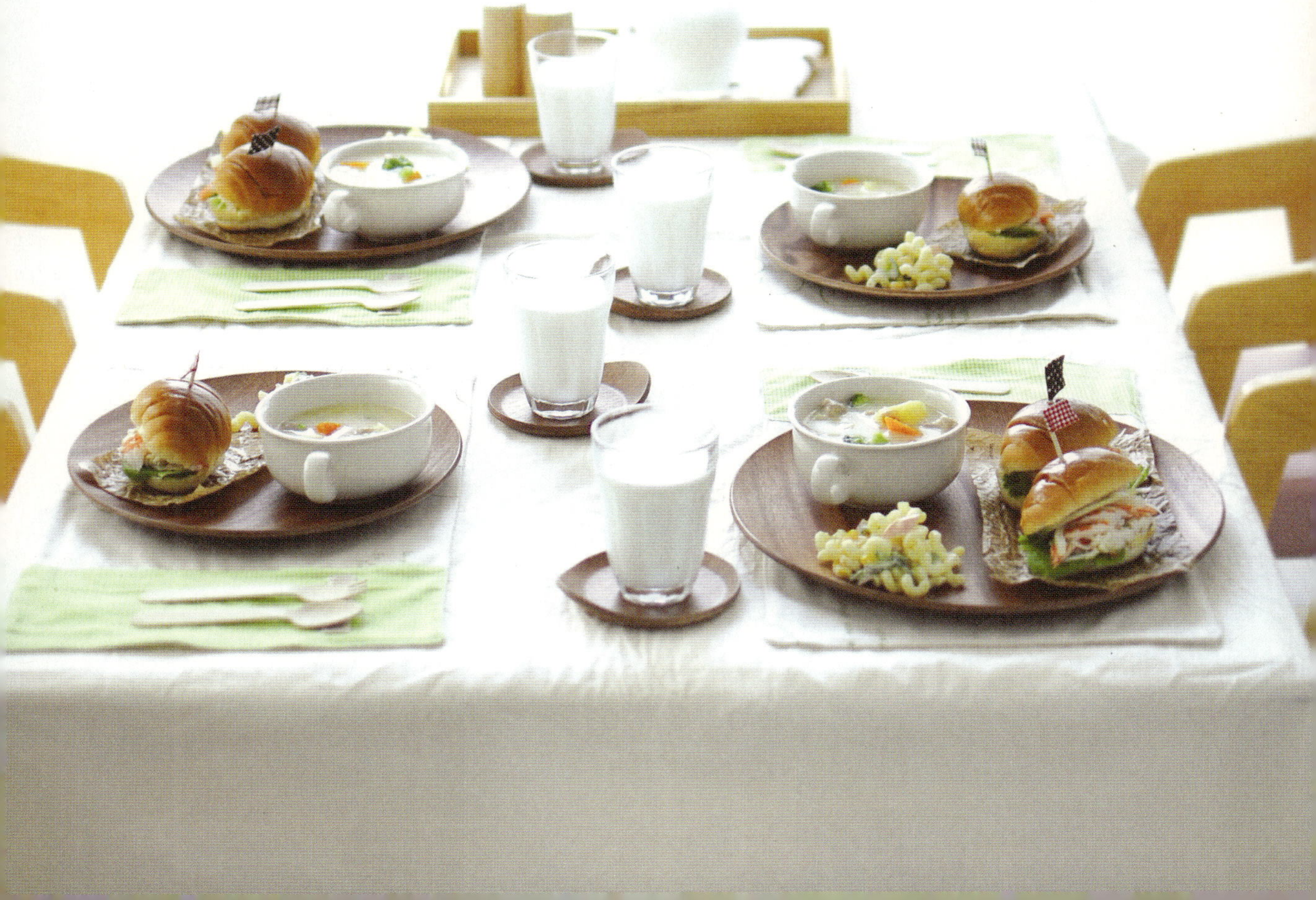

🌿 새우 게살 샌드위치

재료

모닝빵 6개, 칵테일 새우 12마리, 게살(혹은 게맛살) 80g, 베이비립 적당량, 오이 피클 작은 것 2개, 마요네즈 1큰술과 1/2, 양파 1/6개, 머스터드 1큰술

만드는 법

1 게살은 손으로 잘게 찢어서 다진 피클과 마요네즈를 넣고 골고루 버무린다.
2 칵테일 새우는 소금물에 3분 정도 데쳐 내고 꼬리까지 완전하게 제거한 후에 등에 칼집을 넣어 반으로 자른다.
3 어른용 빵의 한 면에는 머스터드를, 다른 한 면에는 마요네즈를 바른다. 아이용 빵에는 양쪽 모두 마요네즈를 가볍게 발라 준다.
4 베이비립, 게살 필링, 새우의 순으로 재료를 올린다. 어른용 샌드위치에는 얇게 썬 양파를 올린 후에 빵으로 덮고 피크로 고정시킨다.

●TIP

샌드위치에 들어가는 양파는 가로로 얇게 썰어 찬물에 5분 정도 담겼다가 사용하면 특유의 아린 맛을 제거할 수 있다. 어른용 빵을 크루아상이나 바게트 등으로 바꾸면 카페 분위기를 한층 돋울 수 있다.

🌿 치킨 크림 스튜

재료

닭다리살 200g, 감자 2개, 당근 2/3개, 양파 1개, 브로콜리 1/2송이, 버터 1조각(8g), 밀가루(박력분) 3큰술, 물 4컵, 콩소메 2조각, 소금 1/2큰술, 후추 1작은술, 우유 1컵

만드는 법

1 닭다리살은 여분의 지방을 떼어 낸 후, 한입 크기로 잘라 준비한다. 감자, 당근, 양파 등도 비슷한 크기로 잘라 준비한다.
2 프라이팬에 식용유 1큰술을 두르고 1의 재료들을 모두 넣은 후 중약불에서 천천히 볶아 준다.
3 닭고기가 전체적으로 익은 색이 돌면 밀가루를 넣고 가루가 보이지 않을 때까지 잘 섞어 가면서 볶는다. 그러다가 물을 붓고 콩소메를 넣어 다시 잘 저어 가면서 센 불에서 끓인다.
4 재료들이 익는 동안 브로콜리는 한입 크기로 잘라 살짝 데쳐 준비한다.
5 닭고기와 채소들이 골고루 익으면 불을 줄이고 소금, 후추로 간을 한다. 거기에 우유를 붓고 데친 브로콜리를 넣는다. 다시 끓어오르려 할 때 불을 끄면 된다.
6 마지막으로 잔열을 이용해 버터를 넣고 녹여 풍미를 낸다.

●TIP

브로콜리 대신 완두콩을 넣어도 보기에 좋다. 또한 브로콜리를 함께 넣고 끓이면 색이 죽거나 너무 뭉클거려 제대로 된 식감을 즐길 수 없으므로 따로 데친 후에 나중에 넣는 것이 좋다.

🌿 마카로니 샐러드

재료

오이 1/4개, 마카로니 20g, 스위트콘 1큰술, 샐러드용 햄 1장, 마요네즈 2큰술, 소금 약간, 후추 약간

만드는 법

1 마카로니는 각 제품별 설명서에 나온 순서에 따라 삶아 낸다.
2 오이는 가로로 얇게 썰어 소금에 살짝 버무려 5분 정도 절인 후에 손으로 물기를 꼭 짜 준다.
3 샐러드용 햄은 1cm×1cm 크기로 잘라 준비한다.
4 마카로니가 어느 정도 식었으면 모든 재료를 볼에 넣고 마요네즈에 버무린다.

●TIP
마카로니가 뜨거울 때 버무리면 마요네즈가 분리된다. 그러므로 적당히 식힌 후에 버무리는 것이 좋다.

유독 생선을 좋아하는 네게
엄마는 좀 더 맛있고 다양한 생선 요리를 선물하고 싶어.

2nd table

두 번째 식탁

— 아이의 몸과 마음을 만들어 주는 풍부한 단백질의 보고 —

MENU

새우 필라프+연어 뮈니에르+단호박 포타쥬

구츠구츠 mama's cook

🌿 새우 필라프

재료

보리새우 200g, 밥 2공기, 양파 1/2개, 당근 1/2개, 피망 2개, 소금 1작은술, 후추 약간

만드는 법

1 양파와 당근, 피망은 잘게 다져 준비한다.
2 식용유 1큰술을 두른 프라이팬에 양파와 당근을 넣고 충분히 충분히 볶는다. 그러다가 양파가 투명해지면 새우와 피망을 넣고 볶는다.
3 새우가 익은 색이 돌면 밥을 넣고 볶다가 밥이 골고루 섞이면 소금과 후추로 간을 한다.

●TIP

필라프는 모든 재료를 먼저 볶아 수분을 어느 정도 날린 후에 밥을 넣어야 한다. 그래야 뭉치거나 질척대지 않고 포슬포슬하게 즐길 수 있다.

🌿 연어 뮈니에르

재료
연어 4조각, 밀가루(박력분) 2큰술, 양상추 4장, 미니토마토 8개, 소금 약간, 후추 약간

〈타르타르소스〉
마요네즈 3큰술, 삶은 달걀 1개, 오이피클 2개, 양파 1/4개, 파르메산 치즈 1작은술, 후추 약간

만드는 법
1 연어는 키친 페이퍼 등으로 배어 나온 수분이나 기름기를 닦아 낸 후 소금과 후추로 밑간을 가볍게 한다.
2 밑간을 끝낸 연어는 밀가루를 가볍게 입힌 후, 식용유 1큰술을 두른 프라이팬에서 중불로 천천히 앞뒤로 구워 낸다.
3 양면이 노릇노릇하게 구워지면 불을 끄고 버터를 한 조각 올려 풍미를 낸다.
4 도톰하게 채 썬 양상추 위에 구워 낸 연어를 올리고 토마토와 타르타르소스를 곁들인다.

〈타르타르소스 만드는 법〉

1 포크 등을 이용해 삶은 달걀을 눌러 잘게 으깬 후 다진 피클, 파르메산 치즈, 후추, 마요네즈를 넣고 함께 골고루 버무린다.
2 아이용을 먼저 덜어낸 후에 다진 양파를 넣어 어른용 타르타르소스를 만든다.

🌿 단호박 포타쥬

재료

단호박 1/4개, 치킨 스톡 4컵(콩소메 1조각+물 4컵), 양파 1/2개, 우유 1/2컵, 소금 1/2작은술, 생크림, 파슬리 약간, 후추 약간

만드는 법

1 단호박은 껍질을 벗겨 작게 자르고 양파는 대강 잘게 다진다.
2 1의 단호박과 양파, 치킨 스톡을 냄비에 넣고 단호박이 뭉그러질 정도로 끓인다.
3 2를 믹서나 핸드 블렌더를 이용해 곱게 갈고, 이것을 다시 냄비에 덜어 내 우유와 소금을 넣고 골고루 섞는다.
4 3을 그릇에 담고 그 위에 생크림과 파슬리를 올린다.

> ●TIP
> 여름에는 우유를 섞기 전에 냉장고에서 차게 식히면 단호박 냉포타쥬로 즐길 수 있다.

*(　) : 대체 가능한 재료

밥그릇 안에 무지개가 걸린 것처럼 예쁜 색들이 가득한 비빔밥을 보고
넌 또 어떤 예쁜 상상을 할까?

3rd table

세 번째 식탁

―아이의 오감을 살려 줄 색색 나물들이 가득한 한 그릇―

비빔밥+북어국+백김치

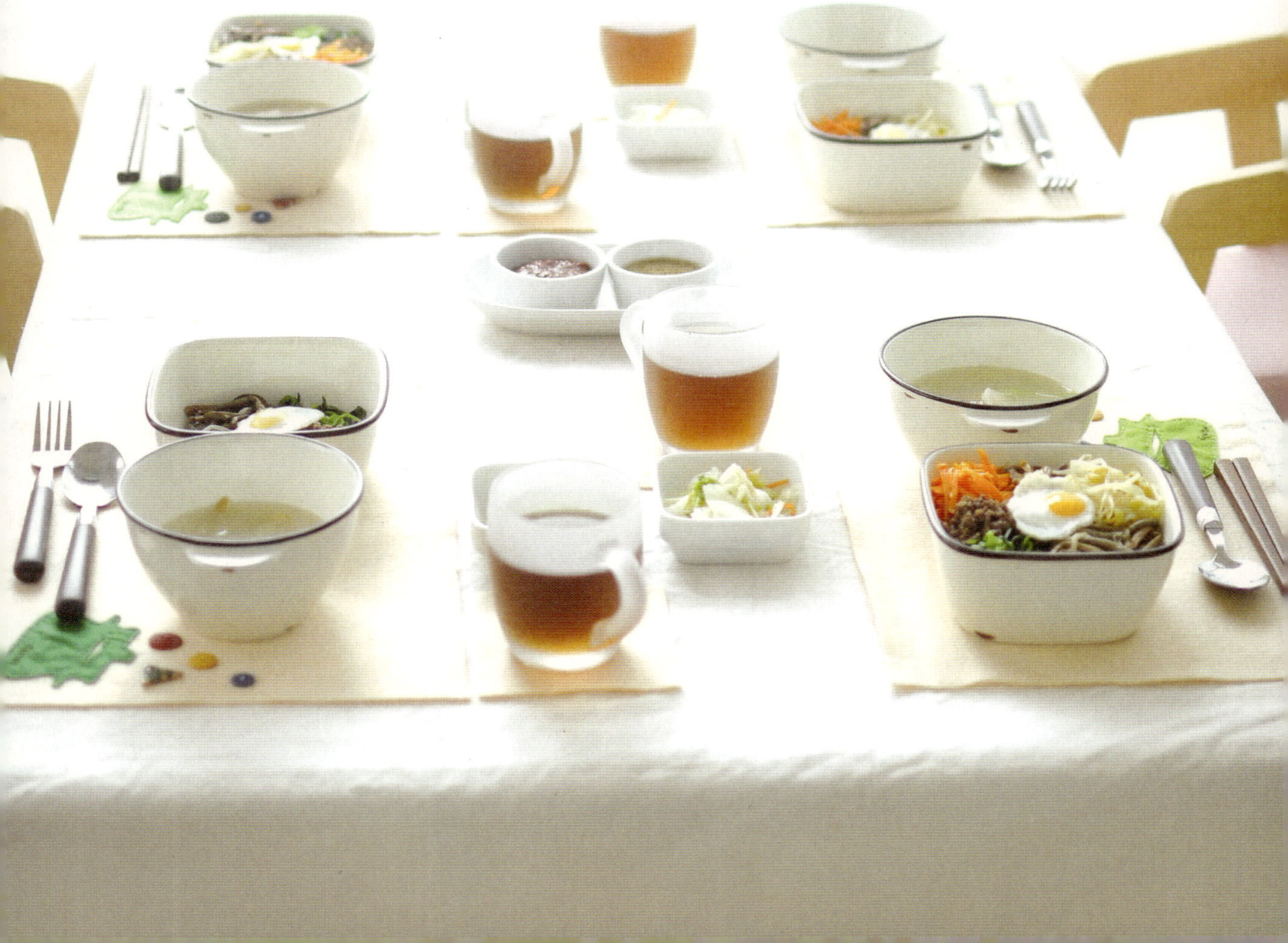

재료

따뜻한 밥 3공기, 시금치 1/2단(소금 1/8작은술, 참기름 1/2작은술), 고사리 100g (다진 마늘 1/2작은술, 소금 1/8작은술, 참기름 1/2작은술), 콩나물 100g (소금 1/8작은술, 참기름 1/2작은술), 당근 2/3개(소금 1/8작은술), 다진 소고기 50g (간장 1/2큰술, 미림 1/2큰술, 후추 약간), 표고버섯 4장(간장 1/2큰술, 미림 1/2큰술), 메추리알 2개, 달걀 2개

〈고추장 소스〉

고추장 2큰술, 참기름 1큰술, 참깨 1큰술, 설탕 2작은술

〈간장 소스〉

간장 3큰술, 참기름 1큰술, 참깨 1큰술

만드는 법

1 시금치는 뜨거운 물에 데친 후, 물기를 꼭 짜 준다. 거기에 소금과 참기름을 넣고 골고루 버무려 둔다.
2 고사리는 참기름을 두른 프라이팬에 다진 마늘과 함께 볶다가 소금을 넣어 마무리한다.
3 당근은 가늘게 채를 썰어 식용유를 약간 두른 프라이팬에 볶다가 소금 간을 한다.
4 콩나물은 뜨거운 물에 데쳐 낸 후, 소금과 참기름을 넣고 버무려 둔다.
5 다진 소고기는 프라이팬에서 포슬포슬하게 볶다가 고기가 완전히 익으면 후추, 간장, 미림을 넣고 국물이 다 졸아들 때까지 조려 준다.
6 표고버섯은 기둥을 떼어 내고 세로로 가늘게 썰어 프라이팬에서 볶다가 간장과 미림을 넣고 조려 준다.
7 메추리알과 달걀은 각각 예쁘게 부친다.
8 대접에 밥을 담고 준비한 나물들을 보기 좋게 둘러 담은 후에 부쳐 둔 달걀과 메추리알을 올린다. 고추장과 간장은 따로 내가 먹기 직전에 적당량을 넣고 골고루 비빈다.

●TIP
나물들에는 이미 약간의 소금이 들어갔으므로 그것을 감안해 비빔밥을 비빌 때에는 간장과 고추장을 조금씩만 넣도록 한다.

북어국

재료

북어채 50g, 무 1/4개, 마늘 1쪽, 대파 1대, 물 6컵, 소금 1/2큰술, 참기름 1큰술, 달걀 1개, 후추 약간

만드는 법

1 냄비에 참기름을 두르고 북어채를 넣고 볶는다. 그러다가 거기에 물과 가늘게 나박썰기한 무를 넣고 팔팔 끓인다.
2 무가 투명하게 익고 국물이 뽀얗게 우러나면 소금과 후추로 간을 한 뒤, 대파를 넣고 다시 끓인다.
3 불을 줄인 상태에서 달걀을 풀어 줄알을 치고 젓가락으로 한두 번 휘휘 저어 준 후, 불을 꺼 마무리한다.

●TIP

줄알을 칠 때는 불을 줄인 상태에서 해야 한다. 불이 강하면 달걀이 부풀어 올라 국물이 탁해지고 부유물이 떠서 지저분해지기 때문이다.

이 넓고 넓은 세상엔 네가 모르는 많은 나라들이 있단다.
오늘은 엄마와 함께 스페인으로 떠나 볼까?

네 번째 식탁

─ 아이에게 더 넓은 세상을 보여 주고 싶은 엄마의 마음 ─

MENU

빠에야+스페니쉬 오믈렛+아보카도 토마토 샐러드+버섯 수프

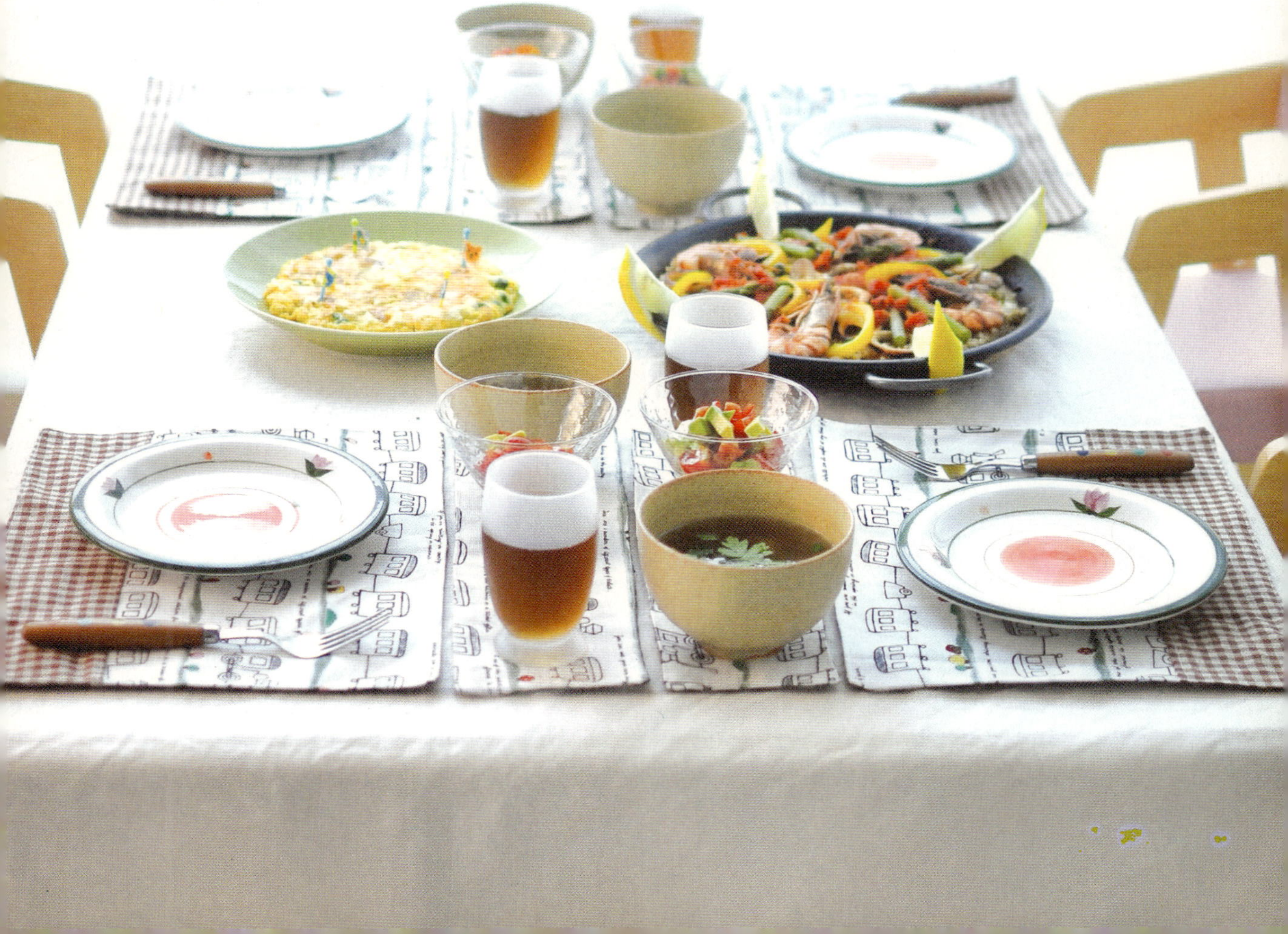

재료

마늘 2쪽, 양파 1/2개, 베이컨 2장, 화이트 와인 1큰술, 올리브유 1큰술, 사프란 0.5g, 닭육수 3컵, 소금 1작은술, 토마토 1개, 바지락 200g, 물오징어 1마리, 머리 달린 중하 4마리, 레몬 1/2개, 파프리카 빨강, 노랑 각각 1/4개씩, 그린 아스파라거스 3대, 완두콩 2큰술

만드는 법

1 양파와 마늘, 베이컨은 잘게 썰어서 사프란과 함께 식용유를 두른 냄비에서 달달 볶는다.

2 양파가 투명해졌으면 가로로 자른 오징어와 해감시킨 바지락, 새우를 넣고 볶는다. 오징어가 익었으면 해물은 따로 건져 낸다.

3 2의 재료에 쌀을 넣고 타지 않게 볶다가 닭육수를 붓고 뚜껑을 연 채 끓인다.

4 육수가 자작해지면 2의 건져 둔 해물과 잘게 자른 토마토, 파프리카, 아스파라거스, 완두콩을 올린다. 그리고 뚜껑을 덮고 가장 약한 불에서 뜸을 들인다.

5 뜸이 들었으면 레몬을 4조각 잘라 냄비에 꽂아 내간다.

●TIP

취향에 따라 닭다리살이나 브로콜리 등 좋아하는 재료를 사용해도 좋다. 사프란은 너무 과하지 않은 양을 기름에서 우려내야 더욱 깊고 진한 향을 얻을 수 있으므로 반드시 기름에서 볶아 낸 후에 육수를 붓도록 한다.

🌿 스페니쉬 오믈렛

재료

달걀 4개, 삶은 감자 1개, 햄 3장, 치즈 3장, 완두콩 1큰술, 소금 1/3작은술, 파르메산 치즈 가루 1큰술

만드는 법

1 삶은 감자와 햄, 치즈는 작게 잘라 준비하고 완두콩은 (생완두의 경우) 끓는 소금물에서 3분
  정도 데친 후 건져 낸다.
2 달걀은 골고루 풀어서 소금과 파르메산 치즈를 넣고 다시 한 번 골고루 섞은 후에 1의 재료
  를 모두 넣고 어느 한곳에 재료가 몰리지 않도록 잘 섞는다.
3 지름 16cm 프라이팬에 2의 재료들을 모두 붓고 뚜껑을 덮은 채 약불에서 7~8분 굽는다.
4 프라이팬보다 더 큼직한 접시에 프라이팬을 거꾸로 뒤집어서 오믈렛을 담는다. 그리고 다
  시 접시를 기울여 흘리듯이 그것을 프라이팬에 담고 뚜껑을 덮은 후에 5분간 천천히 구워
  낸다.

●TIP

오믈렛을 뒤집을 때에는 반드시 접시를 이용해야 모양이 흐트러지지 않고 예쁘게 나온다. 속에 들어가는 재료는 취향에 따라 시금치나 소시지, 스위트콘 등을 넣어도 좋다.

🌿 아보카도 토마토 샐러드

재료

아보카도 1개, 토마토 2개, 양파 1/4개, 간장 2큰술, 설탕 1큰술, 식초 1큰술, 올리브유 1큰술

만드는 법

1 아보카도는 씨를 빼고 토마토와 함께 1cm×1cm 크기로 자르고 양파는 잘게 다져 둔다.
2 간장과 설탕, 식초, 올리브유를 골고루 섞어 드레싱을 만든 후에 아보카도, 토마토와 함께
  골고루 섞는다.
3 아이용을 따로 담았으면 잘게 다진 양파를 2에 넣고 섞어 어른용을 만든다.

●TIP
크림치즈를 작게 잘라 넣거나 드레
싱에 간 참깨를 함께 넣어도 좋다.

🌿 버섯 수프

재료

느타리, 만가닥, 표고, 팽이 등 취향에 따른 버섯 200g, 양파 1/2개, 물 5컵, 콩소메 1조각, 소금 1작은술, 후추 약간

만드는 법

1 양파는 가늘게 썰어 식용유를 약간 두른 냄비에 넣고 갈색이 돌 때까지 볶아 준다. 그러다가
   여기에 물과 콩소메 한 조각을 넣고 끓인다.
2 수프가 끓기 시작하면 버섯을 넣고 2~3분간 더 끓인 후 불을 끈다.

●TIP

버섯은 물로 씻으면 풍미가 모두 날
아가므로 마른 키친 페이퍼 등으로
살살 닦아 낸 후 사용하도록 한다.

구츠구츠 mama's cook

엄마는 너희들이 항상 행복했으면 좋겠어

친정 식구 하나 없는 일본땅에서 고만고만한 아이 셋을 키우는 일은 생각보다 참 힘든 일이다. 하루에 3끼 5인분의 밥을 준비해야 하고 먹이고 또 치워야 한다. 세탁기를 2~3번 돌리는 것은 기본이고, 베개 커버나 이불 커버라도 빼는 날엔 그야말로 하루 종일 빨래와의 전쟁이다. 날씨가 좋은 날은 다섯 사람분의 이불을 매일 널고 들이느라 정신이 없다. 치우고 돌아서면 또 그만큼 늘어져 있는 집안 곳곳을 하루에도 청소기를 몇 번 돌리는지, 걸레질을 몇 번 하는지 세지도 못 할 정도다.

그런데도 내가 유난이라면 유난일까. 이렇게 정신없이 바쁜 와중에도 난 굳이 시간을 쪼개

가면서 마마스 쿡을 준비한다. 세상의 모든 엄마들이 그렇겠지만 내 아이들이 항상 행복하게 웃었으면 하는 바람에서이다. 아이로서 인생의 가장 기본이 되는 행복을 만끽하면서 말이다. 공부를 잘하고 좋은 대학엘 가는 것은 나에겐 큰 의미가 없다. 그저 난 아이들이 어떤 자리에 어떤 모습으로 있든지 좋은 사람으로 자라 주었으면 한다. 따뜻하고 아늑한 식탁 위에 차려진 맛있는 음식을 통해 가장 소박하고 원초적인 행복을 느끼면서 말이다. 그리고 포근한 이불 속에서 잠들면서 내일을 꿈꿀 수 있는 아이였으면 참 좋겠다.

애들아! 엄만 너희들이 매일매일 가족과 함께 웃을 수 있는 것에 감사할 줄 아는 아이로 자랐으면 해. 그러면 엄만 정말로 행복할 것만 같아.

part 2

아이의 입맛을 사로잡은
이색 요리

소박한 야끼소바와 너를 꼭 닮은 귀여운 주먹밥이
엄마의 추억을 아련하게 간지럽히는구나

5th table

다섯 번째 식탁

— 아이와 추억을 나눌 수 있는 소박한 일본식 밥상 —

MENU

야끼소바+배추 아사즈케+미소 시루

야끼소바

숙주 100g, 잘게 썬 돼지고기(제육볶음용) 100g, 양배추 3장, 당근 1/2개, 양파 1/2개, 야끼소바면 3인분, 야끼소바용 소스(액상) 5큰술, 물 1국자, 부추 6~7줄기, 꽃새우 3큰술, 가쓰오부시 한 줌, 달걀 4개, 생강 초절임(베니쇼가) 1큰술

만드는 법

1 양배추는 한입 크기로 자르고 당근은 얇게 어슷 썰어 준비한다. 부추는 5cm 폭으로 썰고 숙주는 깨끗하게 꼬리를 따서 씻어 둔다.

2 프라이팬에 식용유를 약간 두르고 돼지고기를 볶기 시작한다. 돼지고기를 볶을 때 소금과 후추로 아주 살짝 밑간을 한다.

3 고기가 익었으면 당근과 양파를 넣고 함께 볶다가 양배추와 숙주를 넣는다. 양배추가 한 숨 죽으면 면을 넣은 후에 물을 넣고 골고루 볶아 준다.

4 면이 부드럽게 풀렸으면 소스를 넣고 볶아 주다가 마지막에 부추와 꽃새우를 넣고 살짝 더 볶아 접시에 담는다.

5 뜨거울 때, 가쓰오부시를 뿌리고 예쁘게 부친 달걀 프라이를 하나씩 올린다. 취향에 따라 생강 초절임이나 파래 김가루 등을 올려 준다.

●TIP

야끼소바가 액상일 경우는 레시피대로 조리하거나 취향에 따라 가감하여 조리한다. 분말일 경우에는 1봉지 (1인분)당 물 5큰술 정도를 개어서 조리한다.

🌿 배추 아사즈케

재료

배추 3~4장, 다시용 다시마 1장, 소금 1/2큰술, 식초 1큰술, 설탕 1/2큰술, 물 2컵

만드는 법

1 배추는 한입 크기로 잘라 소금을 살짝 뿌리고 10분 정도 절인 후에 물기를 꼭 짜 둔다.
2 다시마는 찬물에 담가 약불에서 끓이다가 물이 끓기 시작하면 불을 끄고 건져 낸다.
3 2의 다시마 다시에 소금, 설탕, 식초를 넣고 잘 녹인다.
4 3에 1의 배추를 넣고 냉장고에서 차게 식힌다.

●TIP

다시마 다시를 만들고 난 후에 건져 낸 다시마는 가늘게 썰어서 배추를 절일 때, 같이 넣어도 좋다. 배추 대신 오이나 무 등으로도 대체가 가능하다. 오이는 소금에 절이지 않고 바로 절임액에 절인다.

🍂 미소 시루

재료

연두부 1모, 마른 미역 1큰술, 대파 1/2대, 가쓰오부시 50g, 물 6컵, 다시마 1장, 왜된장(미소) 1큰술

만드는 법

1. 찬물에 다시마와 가쓰오부시를 넣고 약불에서 끓이다가 물이 끓기 시작하면 다시마와 가쓰오부시를 건져 낸다.
2. 미역은 물에 불리고 연두부는 1cm×1cm 크기로 자른다. 대파는 얇게 썰어 준비한다.
3. 1의 다시에 2의 모든 재료를 넣고 끓기 시작하면 불을 끈다.
4. 3에 미소를 넣고 골고루 풀어 준다.

●TIP

미소 시루의 재료는 아이들이 좋아하는 재료로 대체가 가능하다. 감자나 양파, 무 등 다양한 재료를 이용해 보자. 왜된장을 풀 때에는 반드시 불을 끈 후에 국물을 국자로 떠서 왜된장이 덩어리 없게 잘 풀어 준다. 그래야 냄비에 섞었을 때 두부 같은 부드러운 재료들이 뭉개지지 않고 깨끗하게 마무리된다.

구즈구즈 mama's cook

예쁘게 자라 줘서 고마워. 건강하게 자라 줘서 고마워.
착하게 자라 줘서 고마워. 그리고 엄마 딸로 태어나 줘서 고마워.

여섯 번째 식탁

─ 아이의 아름다운 성장을 축하하는 화려한 자리 ─

MENU

치라시 컵스시+일본식 명란 달걀찜+재첩 파래김 국

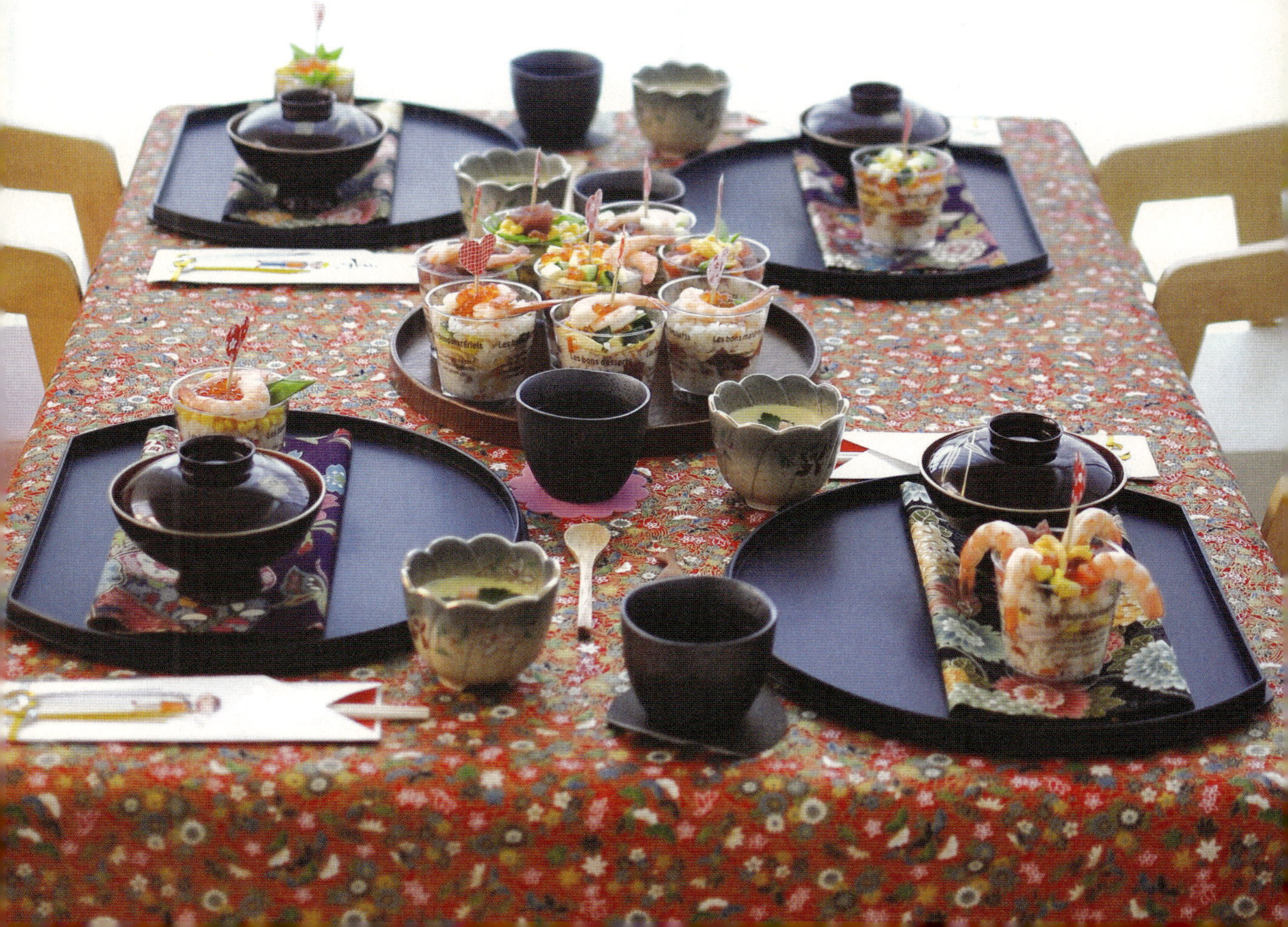

🌿 치라시 컵스시

재료

뜨거운 밥 3공기, 당근 1/3개, 표고버섯 3장, 연근 100g, 다시 1컵 반, 간장 3큰술, 설탕 1큰술 반

〈단촛물〉

식초 5큰술, 설탕 1큰술, 소금 1작은술

〈토핑〉

칵테일 새우 15마리, 연어(훈제도 가능) 횟감 200g, 참치 횟감 200g, 오이 1개, 줄기콩 10개, 달걀 지단 2개 분, 프로세스 치즈 5개, 스위트콘 1/3캔, 연어알이나 날치알 3~5큰술

만드는 법

1 밥과 섞을 재료를 만든다. 당근, 표고버섯, 연근은 잘게 다진 후에 조미료와 함께 국물이 거의 졸아들 때까지 바짝 조린다.

2 식초에 설탕과 소금을 넣고 덩어리가 남지 않게 잘 녹여 단촛물을 만든다.

3 뜨거운 밥을 넓은 쟁반이나 프라이팬에 담고 1의 조린 채소와 2의 단촛물을 넣은 후에 부채로 부쳐 가면서 골고루 재빠르게 섞어 준다.

4 칵테일 새우는 뜨거운 물에 5분간 데친 후 찬물에 담갔다가 껍질을 벗긴다.

5 달걀지단은 가늘게 채를 썰고 줄기콩은 뜨거운 소금물에 1~2분간 데치고 찬물에 헹궈 낸 후, 물기를 닦아내고 어슷하게 반으로 자른다. 연어와 참치, 오이와 치즈는 각각 작은 블록 형태로 잘라 준비한다.

6 컵에 3의 초밥과 아이들이 좋아하는 토핑 재료를 예쁘게 장식해 마무리한다.

●TIP

만 3세 미만의 아이들에게는 참치나 연어, 연어알 등을 날것으로 넣지 않도록 한다. 초밥과 조린 채소들로 이미 충분히 맛을 냈기 때문에 데친 새우나 오이, 치즈, 스위트콘, 달걀지단, 잘게 썬 김 등만을 올려도 아이들은 맛있게 먹을 수 있다.

🍂 일본식 명란 달걀찜

재료
달걀 2개, 가쓰오부시 다시(완전히 식힌 것) 1컵, 국간장 1작은술, 미림 1작은술, 소금 1/5작은술, 명란 1덩어리, 미나리 이파리 약간

만드는 법
1 가쓰오부시 다시에 간장, 미림, 소금을 넣고 잘 섞는다.
2 1에 달걀을 넣고 잘 풀어 준다. 달걀물은 고운체나 망으로 걸러 둔다.
3 아이들은 1작은술, 어른은 2작은술 분량의 명란을 그릇에 넣고 2의 달걀물을 약 80% 정도 붓는다.
4 찜기나 냄비에 물을 자작하게 붓고 쿠킹호일을 둥글게 만들어 그 위에 그릇들을 나열한다. 그리고 약불에서 15분간 쪄 낸다.
5 찜기에서 꺼내 흔들었을 때, 탄력 있게 출렁거리면 완성된 것이다.
6 5에 미나리 이파리와 긁어 낸 명란 약간을 올려 장식한다.

●TIP
일본식 달걀찜은 푸딩처럼 부드럽고 매끄러운 것이 포인트이다. 불이 세면 달걀 안의 수분이 팽창하여 구멍이 숭숭 뚫린 달걀찜이 된다. 그러면 식감과 모양 모두 떨어지게 되므로 약불에서 천천히 쪄 내도록 한다. 확실하게 익었는지를 잘 모를 경우에는 꼬치나 이쑤시개를 바닥까지 찔러 보아 달걀물이 묻어 나오지 않으면 된다.

🍂 재첩 파래김 국

재료

재첩 300g, 물 6컵, 파래김(조미되지 않은 전장김) 2장, 소금 1/3큰술, 대파 1대, 참기름 1큰술, 후추 약간

만드는 법

1 재첩은 소금물에 5분 정도 담아 해감시킨 후, 소금에 문질러 깨끗이 씻어 둔다.

2 냄비에 물을 붓고 끓기 시작하면 씻어 둔 재첩을 넣고 팔팔 끓인다. 끓이는 동안 떠오르는 지저분한 거품과 부유물은 국자로 깨끗하게 떠낸다.

3 냄비에서 달그락달그락 소리가 나고 재첩의 입이 전부 벌어졌으면 건져 낸다. 이때 가라앉은 부유물이나 모래 등은 버린다.

4 깨끗한 국물이 준비되었으면 재첩을 다시 넣고 소금과 후추로 간을 한다. 그리고 손으로 툭툭 찢은 파래김과 얇고 어슷하게 썬 대파를 넣고 1~2분간 가볍게 끓이다 불을 끄고 참기름을 넣어 마무리한다.

●TIP

조개를 잘 씹을 수 없는 어린아이들에게는 멸치 육수로 간을 하고 김과 대파만을 넣은 파래김 국을 끓여 준다.

구즈구즈 mama's cook

꿈틀꿈틀 귀여운 애벌레에게 어떤 이름을 지어 줄 거니?
우리 꿈틀이라고 부르는 건 어때?

일곱 번째 식탁

―아이에게 즐거운 꿈을 선사할 재미있는 친구 ―

MENU

미트볼 스파게티+콘수프+코울슬로

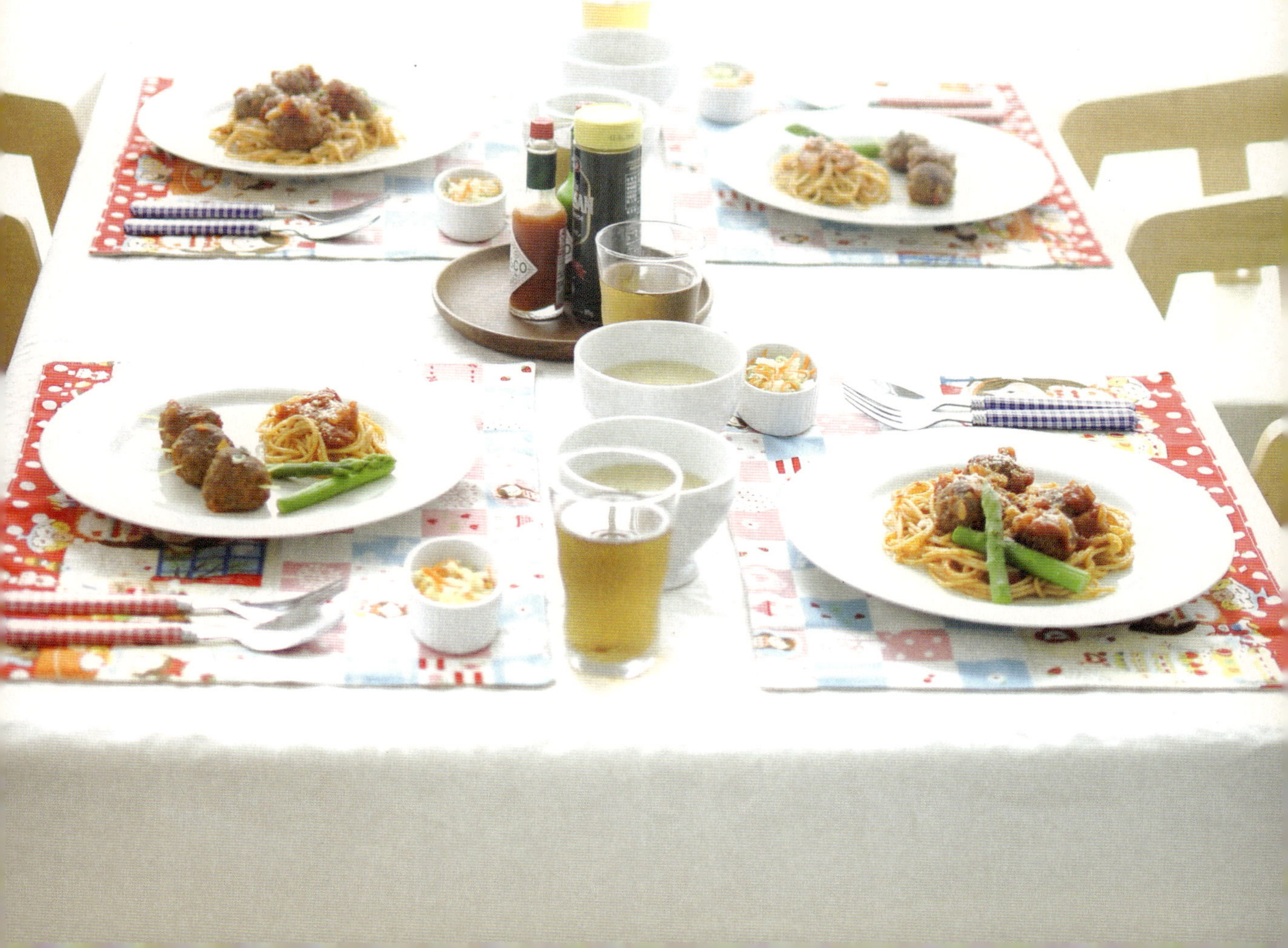

 # 미트볼 스파게티

재료

다진 고기(소고기5:돼지고기 5) 300g, 양파 1개, 빵가루 2큰술, 달걀 1개, 소금 1/3작은술, 후추 약간, 너트메그 1/5작은술(생략 가능)

〈곁들이용〉

그린 아스파라거스 5대, 슬라이스 치즈 1장, 파르메산 치즈 1큰술, 튀긴 스파게티 면 3가닥, 구운 김 약간

〈소스〉

홀토마토 1캔, 물 1/2컵(100cc), 케첩 4큰술, 콩소메 1조각, 소금 1작은술, 스파게티 면(건면) 300g, 후추 약간

만드는 법

1 양파는 잘게 다져 식용유 1큰술을 두른 프라이팬의 중약불에서 천천히 갈색이 돌 때까지 볶아 준 후, 한 김 식혀 둔다.

2 볼에 다진 고기, 빵가루, 달걀, 소금, 후추, 너트메그와 1의 볶은 양파를 넣고 골고루 반죽하여 차지게 치대 준다.

3 2의 반죽을 1큰술 크기의 둥근 모양으로 만든다.

4 프라이팬에 기름을 두르지 않은 상태에서 3의 미트볼을 넣고 굴려 가며 구워 준다.

5 미트볼이 눌리거나 찌그러지지 않게 구워졌으면 홀토마토와 물, 케첩, 콩소메를 넣고 중불에서 7~8분 끓여 주다 소금과 후추로 간을 한다.

6 5의 소스에 살짝 딱딱할 정도로 삶은 스파게티 면을 넣고 3~4분간 더 조려 준다.

7 취향에 따라 파르메산 치즈를 뿌리거나 그린 아스파라거스를 올려 준다. 단, 아스파라거스는 소금물에 2~3분간 데쳐야 한다. 아이들을 위해서 슬라이스 치즈와 김은 눈을 만들고 기름에 살짝 튀겨 낸 스파게티 면은 톡톡 잘라 다리와 더듬이를 만든다.

●TIP

양파를 오래 볶아서 넣는 이유는 단맛을 충분히 끌어내 그것의 풍미를 즐기기 위해서다. 반죽은 달걀 대신 우유 4~5큰술을 넣어도 좋다. 반죽을 자르지 않고 그대로 큼직하게 구워 내면 햄버그스테이크 스파게티가 된다.

 콘수프

재료

스위트콘 2캔, 치킨 스톡 3컵(콩소메 1조각+물 3컵), 양파 1/2개, 우유 1/2컵, 소금 1작은술, 후추 약간, 파슬리 약간

만드는 법

1 냄비에 스위트콘과 양파를 넣고 중불에서 천천히 볶아 주다가 양파가 투명해지면 치킨 스톡을 넣고 끓인다.
2 1을 10분 정도 끓인 후에 소금과 후추로 간을 하고 꺼내 접시에 담는다.
3 2를 믹서나 핸드 블렌더를 이용해 알갱이가 약간 남아 있을 정도로 갈아 준다.
4 3을 다시 냄비에 붓고 불을 켠다. 처음에 끓기 시작하면 우유를 넣고 다시 끓으면 불을 끈다. 그것을 그릇에 담고 파슬리를 약간 뿌려 준다.

●TIP

옥수수를 가는 것이 불편할 경우에는 시판되고 있는 크림형의 콘을 사용하면 간단하게 콘수프를 만들 수 있다. 더욱 진하게 즐기고 싶은 경우에는 우유 대신 생크림을 넣으면 된다.

코울슬로

양배추 1/8통, 당근 1/3개, 소금 1/2큰술, 마요네즈 3큰술, 설탕 1작은술, 식초 1큰술

만드는 법

1 양배추와 당근은 가늘게 채를 썰어 볼에 담는다.
2 1에 소금과 식초를 넣고 골고루 주물러 섞은 후, 접시 등에 올려 누른 상태로 15분 정도 절여 준다.
3 절여진 양배추와 당근은 손으로 꼭 짜서 물기를 따라 버리고 마요네즈와 설탕을 넣고 골고루 섞어 준다.

●TIP
새콤하게 먹고 싶은 경우에는 마요네즈와 설탕 대신 소금으로만 절인 후에 마지막에 식초를 넣으면 된다. 신 것을 잘 못 먹는 아이들을 위해서는 채소들을 살짝 절인 후, 식초를 따라 버리고 버무리면 된다.

구즈구즈 mama's cook

맛있는 중국 요리를 너에게 먹이기 위해 엄마는 전화기가 아닌
프라이팬과 국자를 들어 가장 건강한 엄마표 중화요리를 만들어 줄거야.

8th table

여덟 번째 식탁

— 아이가 기뻐할 건강한 엄마표 중화요리 —

MENU

중국식 볶음밥+중화 샐러드+탕수기+게살 수프

 중국식 볶음밥

재료

밥 2공기 반, 삼겹살 200g, 달걀 3개, 대파 1개, 찐어묵 50g, 우스터소스 4큰술, 소금 1/2작은술, 간장 1큰술, 베니쇼가 적당량, 샌드위치용 슬라이스 햄 1장

만드는 법

1 약간의 기름을 두른 프라이팬에 달걀을 깨 넣고 포슬포슬 익을 때까지 젓가락으로 휘저어 스크램블을 만든다. 다 된 후에는 접시에 따로 덜어 둔다.

2 1의 프라이팬에 잘게 자른 삼겹살과 다진 대파, 잘게 다진 찐어묵을 넣고 센 불에서 타지 않게 저어 가며 볶는다. 삼겹살이 완전히 익으면 1의 달걀을 넣고 함께 볶는다.

3 2에 따뜻한 밥을 넣고 골고루 섞어 가면서 볶아 낸다.

4 밥이 골고루 섞였으면 우스터소스, 간장, 소금 등을 넣고 그것이 골고루 섞일 수 있도록 계속 저어 가면서 볶아 낸다.

5 골고루 볶아 낸 밥은 대접이나 공기를 이용하여 둥글게 담아내고 그 위에 베니쇼가를 곁들인다. 아이의 밥 위에는 슬라이스 햄을 가늘게 채 썰어서 올려 준다.

●TIP

볶음밥을 포슬포슬하게 완성하기 위해서는 우선 밥의 온도가 중요하다. 보통 가정집의 화력은 약하기 때문에 밥이 덩어리째 뭉쳐 있거나 냉동 상태이면 단시간에 센 불을 이용해 조리하는 중국식 볶음밥으로는 적당하지 않다. 새로 한 밥 역시 쉽게 눌러 붙기 때문에 마찬가지다. 따라서 전기밥솥에서 따뜻하게 보온된 밥이나 어느 정도 데운 찬밥을 사용하도록 한다.

🌿 중화 샐러드

재료

포기상추 3~4장, 토마토 1개, 양파 1/8개, 잣 1큰술

〈중화 드레싱〉

간장 4큰술, 식초 3큰술, 설탕 2작은술, 참기름 1큰술, 후추 약간

만드는 법

1 드레싱은 모든 재료를 섞어 만들어 놓는다.
2 포기상추는 손으로 적당한 크기로 잘라 준비하고 토마토도 꼭지를 제거하고 적당하게 잘라
   둔다.
3 양파는 가로썰기로 얇게 썰어 찬물에 잠깐 담가 둔다. 그러면 아린 맛이 제거된다.
4 샐러드 볼에 포기상추와 토마토를 넣는다. 어른용에만 양파를 넣는다.
5 잣은 취향에 따라 넣는다. 드레싱은 먹기 직전에 적당하게 뿌려 준다.

●TIP

포기상추는 잎이 연하여 숨이 쉽게 죽으므로 드레싱은 먹기 직전에 넣도록 한다. 샐러드나 샌드위치에 들어가는 양파는 가로결로 썰어야 매운맛이 덜하다.

탕수기

재료

닭가슴살 200g, 피망 2개, 파프리카 1/3개, 당근 1/3개, 양파 1/2개, 전분 4큰술, 소금과 후추 약간

〈소스〉

케첩 4큰술, 물 2큰술, 설탕 1작은술, 식초 1큰술, 참기름 1작은술, 소금 약간

만드는 법

1 피망과 파프리카, 당근, 양파는 적당한 크기로 잘라 둔다.
2 닭가슴살은 껍질과 여분의 지방을 떼어 내고 아이들 입 크기에 맞춰 작게 잘라 소금과 후추로 살짝 밑간을 한다.
3 밑간을 한 닭가슴살은 전분을 골고루 입혀 식용유 2큰술을 두른 프라이팬에서 천천히 익혀 준다.
4 고기가 80% 정도 익었으면 잘라 둔 채소들을 넣고 함께 볶아 준다.
5 당근과 양파가 부드럽게 익었으면 소스를 4에 넣고 재빠르게 골고루 섞어 가며 볶아 낸다.

●TIP

반드시 속까지 익도록 확실하게 튀겨 준다. 표면에 전분을 입혀 굽기 때문에 소스에 따로 전분을 넣지 않아도 적당하게 걸쭉해진다.

🌿 게살 수프

재료

삶은 게살 또는 맛살 300g, 목이버섯 10개, 쪽파 3뿌리, 치킨 스톡 6컵(콩소메 1조각+물 6컵), 소금 1/2큰술, 물에 푼 전분(물1:전분1) 5큰술, 참기름 1큰술, 후추 약간

만드는 법

1 게살은 손으로 가늘게 찢어 준비하고 목이버섯은 물에 충분히 불려 한입 크기로 작게 잘라 둔다.

2 냄비에 치킨 스톡을 넣고 끓이다가 재료들이 끓기 시작하면 1의 게살과 목이버섯을 넣고 2~3분간 더 끓인다.

3 2에 소금과 후추로 간을 하고 물에 푼 전분을 1큰술씩 넣어 가면서 걸쭉하게 농도를 맞춘다.

4 농도를 맞추었으면 불을 끈다. 거기에 참기름과 송송 썬 쪽파를 넣고 골고루 섞어 그릇에 담아 낸다.

●TIP

게살 수프에 전분을 넣는 이유는 목 넘김이 좋고 빨리 식는 것을 막아 주기 때문이다. 아이들의 경우, 너무 뜨거울 수 있으므로 어느 정도 식혀서 주도록 한다.

구즈구즈 mama's cook

엄마표 도시락

내가 마마스 쿡 다음으로 힘을 쏟고 있는 것은 일주일에 두 번 목요일과 금요일에 싸는 큰아이의 유치원 도시락이다. 요즘 같은 세상에 도시락이 웬 말인가? 한국이건 일본이건 초중고는 모두 급식 체제고 심지어 어린이집도 전면적으로 급식을 실시하고 있는 요즘, 참 번거롭고 낯선 방법이지 않을 수 없다. 하지만 그 번거로운 도시락이 아이와 부모 모두에게 주는 '그것'은 상상 이상으로 매우 큰 것이다.

온전하게 도시락을 먹을 내 아이를 위해 1시간 일찍 일어나서 도시락을 준비한다. 그 시간 동안 '아이가 먹기에 크지는 않을까?' '너무 딱딱하진 않을까?' '질기진 않을까?' '싫어하는 반찬인데 잘 먹고 돌아올까?' 등등에 대해 생각한다. 물론 아이 또한 뚜껑을 여는 순간, 그리고 그 도시락을 먹는 동안 엄마를 생각할 것이다.

도시락을 다 먹은 아이는 자기 나름의 작은 성취감을 느낄 것이고 깨끗하게 비운 도시락을 열어 보는 엄마의 마음 또한 감동과 대견함 등의 감정으로 가득 차게 될 것이다. 그 보이지 않는 서로를 생각하는 마음이 여태 경험하지 못한 또 하나의 새로운 끈으로 연결돼 부모와 아이를 이어 주게 되는 것 같다.

이제 큰아이에게 도시락을 싸 줄 날도 유치원 생활 3년 중 1년 밖에 남지 않았다(물론, 셋째 딸을 생각하면 아직도 한참 도시락을 싸야 하겠지만). 이 작은 도시락으로 느낄 수 있었던 감동, 감사, 설렘 등이 그리울 첫째 딸을 위해 마마스 쿡 메뉴에 가끔 도시락을 올리기도 해야 할 것 같다.

part 3
아이의 영양을 고려한
건강 요리

엄마와 너, 닭과 달걀.
오늘 먹을 덮밥처럼 우리도 항상 따뜻하게 함께했으면 좋겠어.

9th table

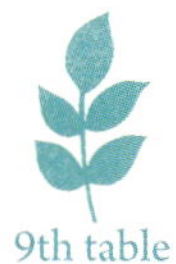

아홉 번째 식탁

— 아이와 엄마를 더욱 끈끈하게 이어 줄 따뜻한 덮밥 —

MENU

닭고기 달걀 덮밥+우엉 볶음+돈지루

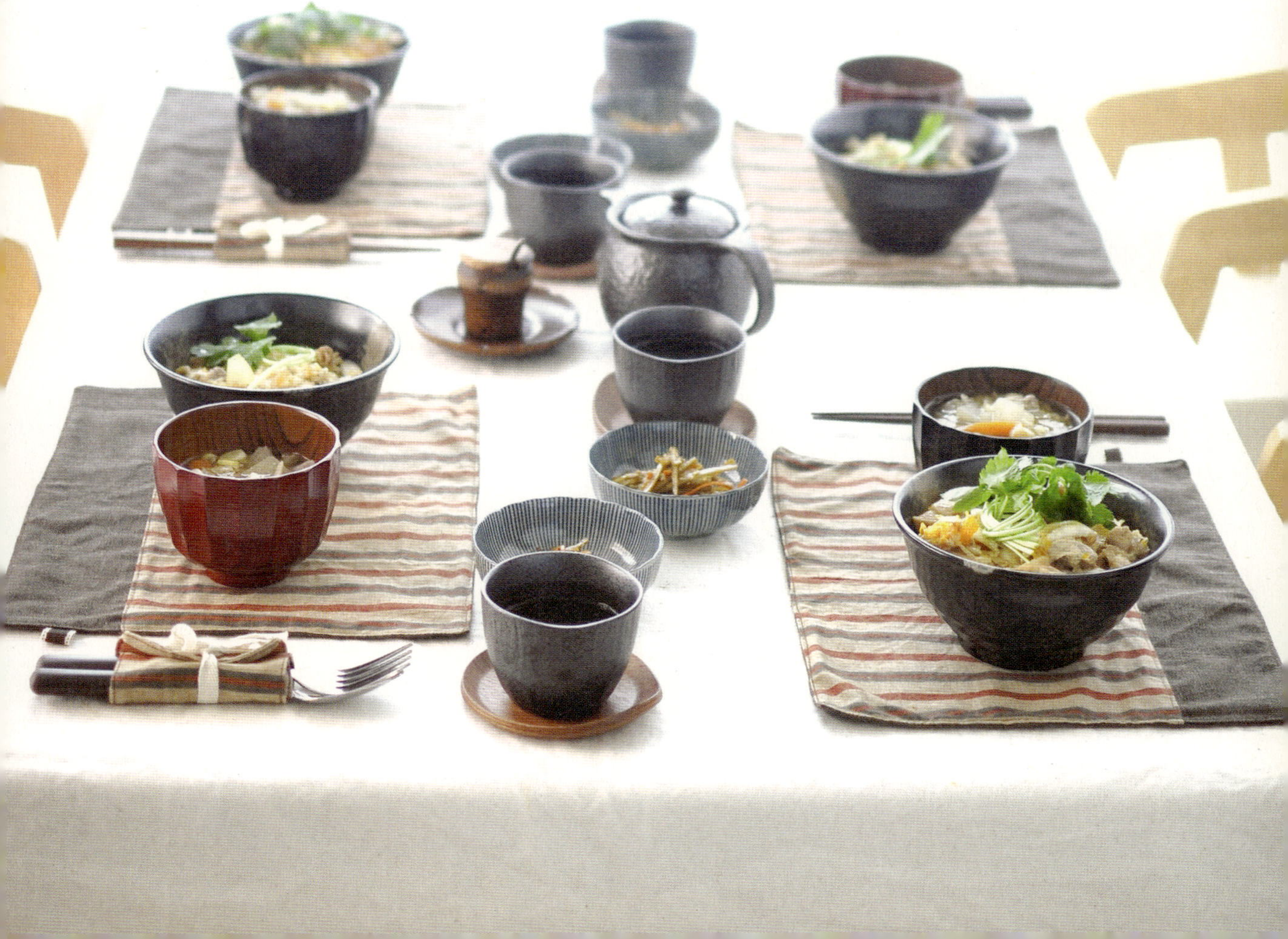

🌿 닭고기 달걀 덮밥

재료

닭허벅지살 300g, 양파 1개, 대파 1대, 가쓰오부시 다시 2컵, 간장 1/4컵, 미림 1/4컵, 설탕 1큰술, 달걀 3개, 따뜻한 밥 3공기

만드는 법

1 닭허벅지살은 여분의 지방과 껍질은 떼어 내고 한입 크기로 잘라 준비한다.
2 가쓰오부시 다시에 간장, 미림, 설탕을 넣고 거기에 1의 닭허벅지살과 세로로 얇게 썬 양파를 넣고 10~15분간 끓인다.
3 닭허벅지살과 양파가 부드럽게 익으면 어슷하게 썬 대파를 넣고 1분 정도 더 끓인다.
4 대파가 살짝 익으면 얼기설기 섞은 달걀을 넣고 2~3분 더 끓이다가 불을 끈다. 그러고는 뚜껑을 덮어 잔열로 달걀을 익힌다.
5 달걀이 70~80% 익으면 대접에 밥을 담고 국자로 4를 듬뿍 올린 후, 참나물을 올려 준다.

> **●TIP**
>
> 달걀은 완전히 익히지 말고 마지막에 뚜껑을 덮어 잔열로 3~5분간 익혀 주면 부드럽게 완성할 수 있다. 하지만 아이들용은 어른용을 덜어 낸 후에 다시 가열하여 달걀을 100% 익혀 주도록 한다. 덜 익힌 달걀은 아이들에게 세균 감염이나 알레르기 등을 초래할 수 있기 때문이다.

🌿 우엉 볶음

재료
우엉 1뿌리, 당근 1/2개, 간장 3큰술, 미림 3큰술, 설탕 1작은술, 참기름 1작은술, 참깨 1/2큰술

만드는 법
1 우엉은 깨끗하게 씻고 칼등으로 긁어 껍질을 벗긴다. 그런 후에 가늘게 썰어 찬물에 3분 정도 담가 둔다.
2 당근도 껍질을 벗겨 우엉과 같은 크기로 잘라 준비한다.
3 프라이팬에 식용유를 1큰술 두르고 물기를 뺀 우엉과 당근을 넣고 중불에서 3~4분간 볶아 준다.
4 우엉과 당근이 적당히 볶아졌으면 간장과 미림, 설탕을 넣고 조리듯이 볶아 주다가 국물이 자작해지면 불을 끈다. 그 위에 참기름과 통깨를 넣고 잘 섞어 준다.

●TIP

흙이 그대로 붙어 있는 우엉을 구입하는 것이 좋다. 속을 갈랐을 때 나무처럼 비어 있고 말라 구멍이 생긴 것은 신선한 우엉이 아니다. 껍질이 벗겨진 상태로 손질되어 파는 우엉일 경우에는 그대로 잘라 사용하면 된다.

돈지루

재료

돼지고기 100g, 우엉 1/2뿌리, 당근 1/2개, 무 1/4개, 곤약 1/2개, 대파 1대, 가쓰오부시 다시 6컵, 미소 3큰술, 참기름 2큰술

만드는 법

1 냄비에 참기름을 두르고 돼지고기를 볶다가 얇게 자른 우엉과 당근, 무, 곤약을 넣고 함께 볶아 준다.
2 모든 재료들이 어우러지게 볶아졌으면 가쓰오부시 다시를 붓고 10분 정도 팔팔 끓여 준다.
3 모든 재료들이 부드럽게 익으면 불을 끈다. 거기에 송송 자른 대파를 넣고 미소를 골고루 풀어 준다.

●TIP

미소는 반드시 불을 끈 후에 넣어야 한다. 중간에 미소를 넣고 같이 팔팔 끓이게 되면 고유와 맛과 향이 날아가고 영양분도 떨어지기 때문이다. 돈지루에 칠미가루나 고춧가루를 약간 넣어 먹어도 좋다. 곤약은 아이들 목에 걸릴 수 있으므로 작게 자르도록 한다.

구즈구즈 mama's cook

넌 항상 가장 좋아하는 메뉴가 식탁 위에 오를 때면 온 입가에 잔뜩 묻히고
허겁지겁 먹곤 하지. 그러다 마주치는 눈빛은 정말 예쁘단다.

열 번째 식탁

─ 아이가 좋아하는 메뉴들만 골라 차린 종합선물세트 ─

MENU

밀라노풍 도리아+그린 샐러드+크램 차우더

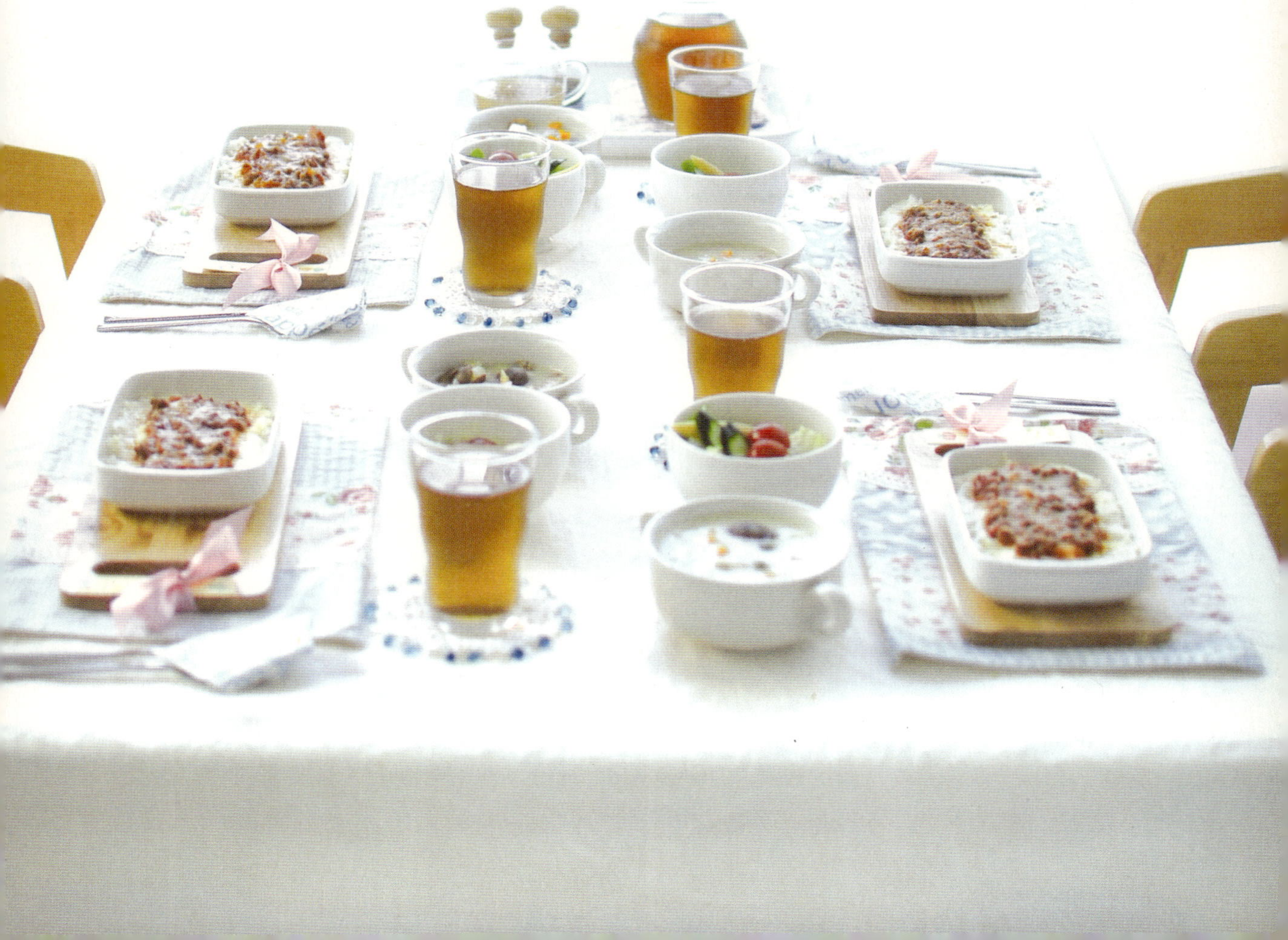

구즈구즈 mama's cook

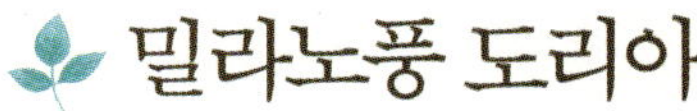# 밀라노풍 도리아

재료

따뜻한 밥 3공기, 피자용 치즈 4큰술(또는 4장)

〈미트 소스〉

다진 고기 100g, 마늘 2쪽, 양파 1/2개, 홀토마토 1캔, 케첩 3큰술, 치킨 스톡 1컵(콩소메 1조각+ 물 1컵), 소금 1작은술, 후추 약간

〈베샤멜소스〉

밀가루 2큰술, 버터 1큰술, 우유 2컵, 소금 1/2작은술, 후추 약간

만드는 법

1 약불의 프라이팬에 버터를 넣고 녹인 후, 밀가루를 넣고 가루가 보이지 않을 때까지 잘 섞어 준다. 그리고 우유를 조금씩 부어 가면서 농도를 맞춘다. 부드러운 크림 상태가 되었으면 소금과 후추로 간을 해 베샤멜소스를 완성시킨다.

2 양파는 다지고 마늘은 갈아서 다진 고기와 함께 충분히 볶아 주다가 홀토마토와 케첩, 치킨 스톡을 넣고 한 소끔 끓인다. 어느 정도 질척하게 졸아들면 소금과 후추로 간을 하여 미트 소스를 만든다.

3 그라탕 용기에 어른용은 밥 1공기, 아이용은 1/2공기를 담고 베샤멜소스 3큰술 정도를 올린다. 그 위에 미트 소스 2큰술을 올리고 피자용 치즈를 골고루 뿌려 준다.

4 3을 오븐이나 그릴, 오븐 토스터에서 치즈가 노릇해질 정도로 구워 낸다.

🌿 그린 샐러드

재료

양상추 1/4통, 방울토마토 4개, 오이 1/4개, 영콘(또는 보일) 4개

만드는 법

1 양상추는 깨끗하게 씻어 손으로 잘게 찢어 두고 오이는 얇게 어슷썰기해 준비한다.
2 방울토마토는 반으로 자르고 영콘은 생것이면 끓는 물에 2~3분 데치고 보일(데쳐서 파는 것)이면 그대로 사용하거나 흐르는 물에 살짝 헹궈 준다.
3 샐러드 볼에 양상추와 오이, 토마토, 영콘을 보기 좋게 담은 후, 취향에 따라 드레싱을 곁들여 내간다.

●TIP

그린 샐러드는 깔끔한 프렌치 드레싱이나 상큼한 이탈리안 드레싱이 어울린다. 이외에도 데친 브로콜리나 그린 아스파라거스, 스위트콘 등을 넣어도 좋다. 어른용은 얇게 썬 양파를 넣어도 잘 어울린다.

🌿 크램 차우더

재료

바지락 200g, 감자 1개, 당근 1/2개, 베이컨 4장, 셀러리 1/2대, 양파 1/2개, 밀가루 4큰술, 채소 스톡 4컵(콩소메 1조각+물 4컵), 우유 1컵, 소금 1/2큰술, 후추 약간

만드는 법

1 모든 채소와 베이컨은 잘게 썰어 준비하고 바지락은 엷은 소금물에 담가 완전하게 해감시킨 후, 손으로 바득바득 비벼 깨끗하게 씻고 체에 받쳐 둔다.

2 냄비에 식용유를 약간 두르고 중불에서 썰어 놓은 채소와 베이컨을 먼저 볶다가 이어 해감시킨 바지락을 넣어 볶아 준다.

3 바지락의 입이 벌어지면 밀가루를 넣고 가루가 보이지 않을 때까지 잘 뒤적이며 섞어 준다. 거기에 채소 스톡을 넣고 10분 정도 끓인다.

4 3이 한 소금 끓으면 소금과 후추로 간을 하고 우유를 부어 골고루 섞어 준다. 그리고 다시 끓어오를 때 불을 끈다.

●TIP

가능한 한 활바지락을 구입해 깨끗하게 해감시킨 후에 조리하도록 한다. 취향에 따라 완두콩, 브로콜리 등을 넣어도 좋다.

구즈구즈 mama's cook

속이 약한 네게 가장 많이 먹이고 싶은 양배추.
따뜻한 양배추 샤브샤브로 튼튼하게 보호해 줄게!

열한 번째 식탁

─ 아이의 속을 튼튼하게 보호해 줄 보약 같은 한 상 ─

MENU

샤브샤브찜+당근 참치 볶음+완두콩밥

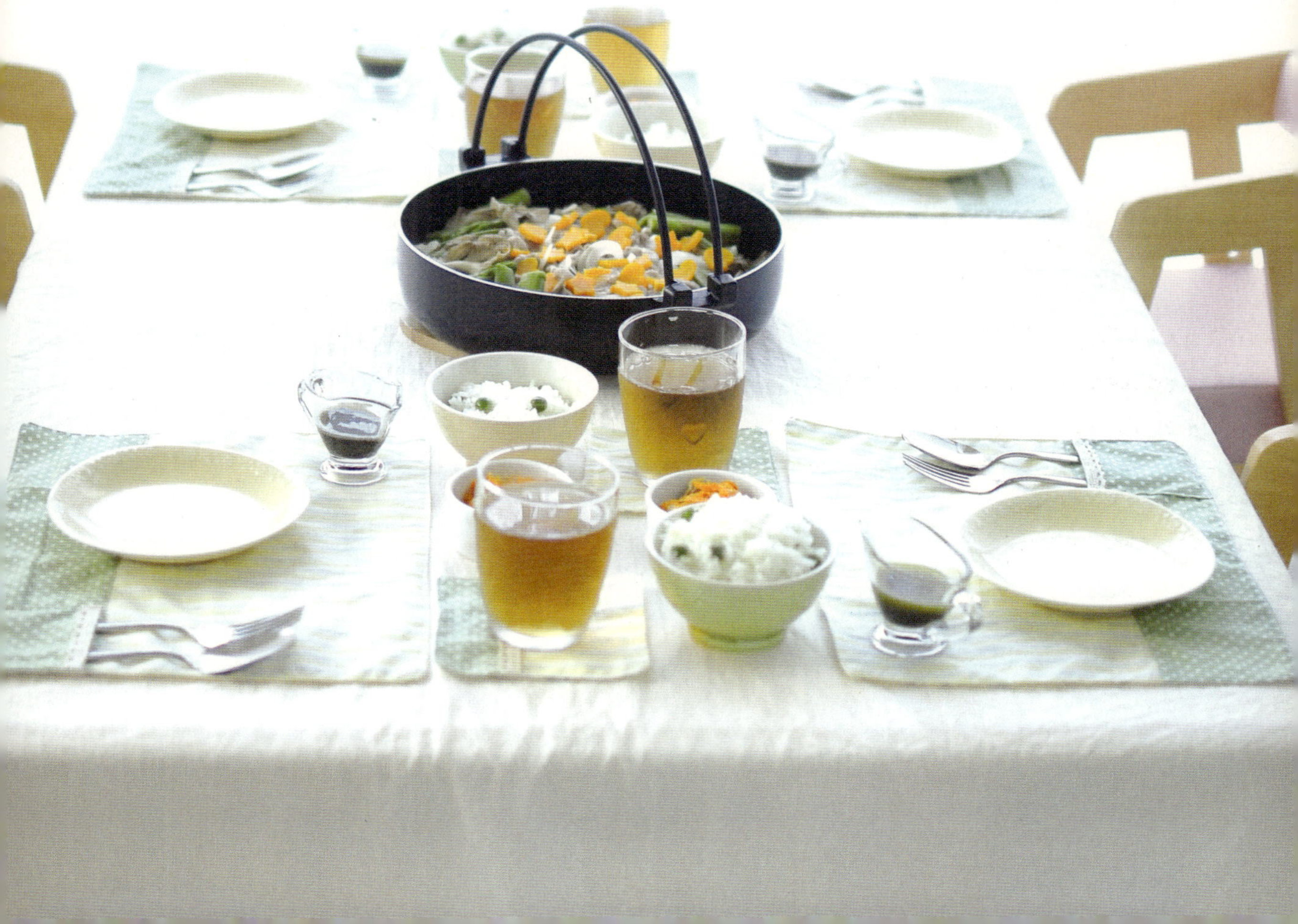

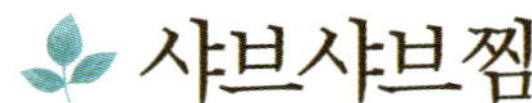

샤브샤브찜

재료

샤브샤브용 돼지고기(또는 소고기) 300g, 그린 아스파라거스 4개, 느타리버섯 1/2팩(약 100g), 양배추 1/6통, 당근 1/3개, 양파 1/2개

〈흑임자 드레싱〉

간 흑임자 3큰술, 참기름 5큰술, 소금 2작은술, 간장 2큰술, 설탕 1작은술, 후추 약간

만드는 법

1 양배추는 큼직하게 툭툭 썰어 전골냄비 또는 프라이 팬에 깔아 준다.
2 고기는 될 수 있는대로 서로 겹치지 않게 담고 버섯은 한입 크기로 찢어서 올린다. 그린 아스파라거스와 양 파도 적당히 잘라 골고루 올려 담는다.
3 당근은 얇게 썰어서 모양찍기 등을 이용해 아이가 좋 아하는 모양으로 찍어 올린다.
4 물을 1컵 붓고 뚜껑을 덮은 후, 가장 약한 불로 약 10~12분간 푹 쪄 준다.
5 흑임자 드레싱의 모든 재료는 골고루 섞어 준비한다.

●TIP

바닥에 수분이 많은 양배추를 듬뿍 깔았으므로 절대 타지 않는다. 안심하고 조리해도 좋다. 단, 사용하는 냄비나 프라이팬의 깊이나 넓이에 차이가 있으므로 반드시 고기가 완전하게 익을 때 까지 쪄 주도록 한다.

🌿 당근 참치 볶음

재료

당근 1개, 참치캔 1캔, 소금 1/3작은술

만드는 법

1 당근은 필러를 이용해 얇게 깎아 둔다.
2 참치 기름을 1큰술 정도 넣은 프라이팬에 1을 넣고 소금을 뿌려 볶아 준다.
3 당근의 숨이 살짝 죽었으면 참치를 넣고 데우듯이 살짝 볶아 낸다.

●TIP
참치를 넣고 너무 오래 볶지 않는다. 살이 뭉그러져 지저분해지고 텁텁해지기 때문이다.

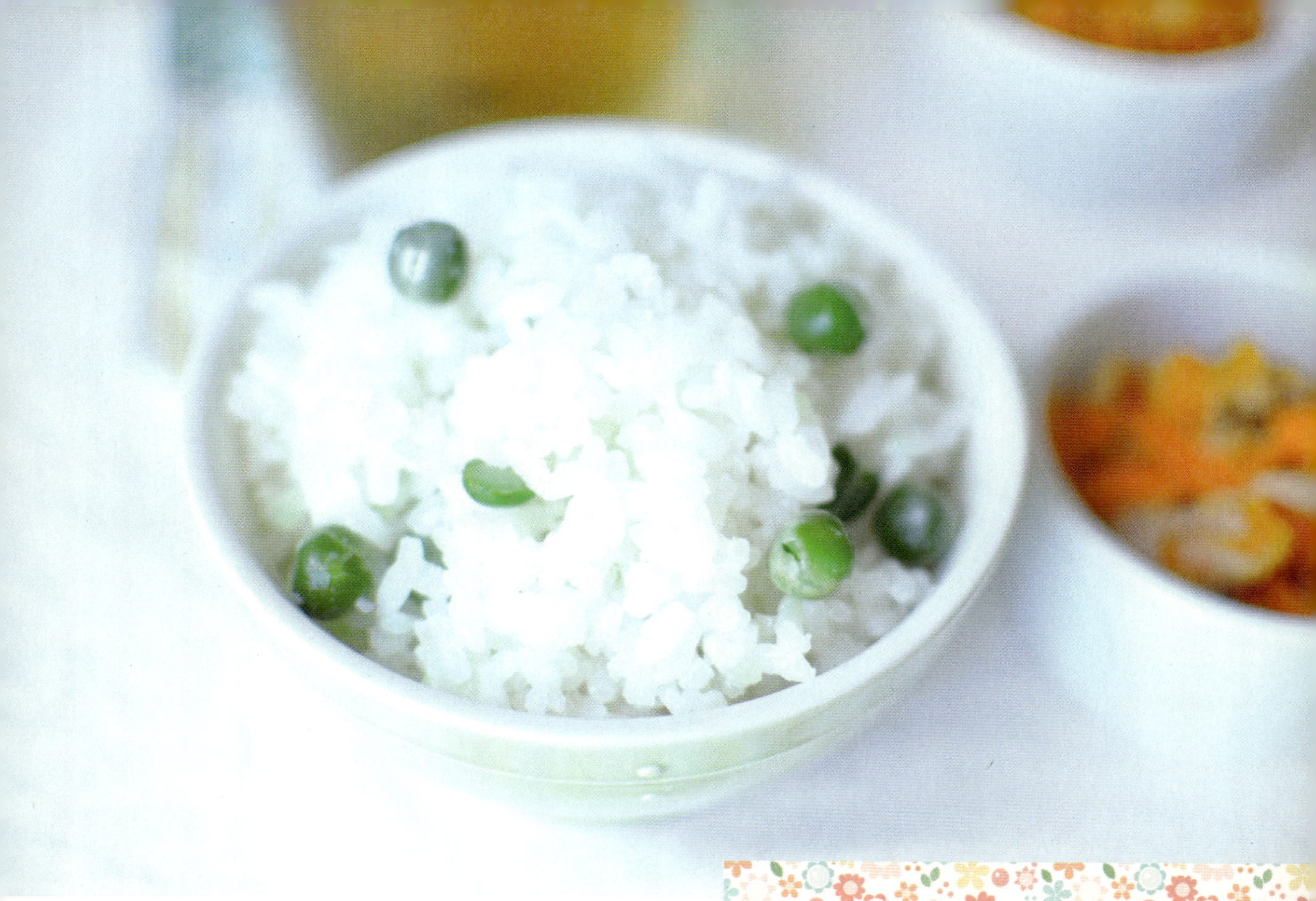

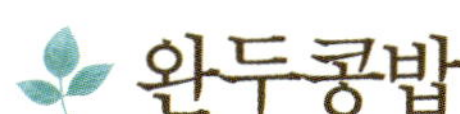

완두콩밥

재료

생완두콩 1컵, 쌀 2컵, 물(사용하는 전기밥솥의 눈금에 따라 다름)

만드는 법

1 쌀을 깨끗하게 씻어 물과 함께 밥통에 담고 전기밥솥에 안친 후, 취사 버튼을 눌러 밥을 짓는다.
2 밥이 뜸들이기에 들어가면 생완두콩을 골고루 올린 후, 다시 뚜껑을 닫아 뜸을 들인다.

●TIP

생완두콩을 이용할 경우, 처음부터 함께 넣고 밥을 지으면 콩이 너무 물러져서 밥을 섞거나 풀 때, 뭉그러지고 색도 예쁘지 않다. 뜸들이기가 시작될 때나 취사 완료 10분 전에 생완두콩을 넣으면 모양과 색이 예쁘게 쪄져서 완두콩 본래의 달달하고 담백한 맛을 즐길 수 있다.

구즈구즈 mama's cook

엄마에게 가장 귀한 손님이 누군지 아니?
어느 날 엄마 배 속으로 찾아온 바로, '너'란다.

12th table

열두 번째 식탁

— 아이를 세상에서 가장 귀한 귀빈처럼 —

MENU

팔보채 덮밥+고기완자 수프+새우 샤오마이

🌿 팔보채 덮밥

따뜻한 밥 3공기, 씨푸드 믹스 300g, 당근 1/3개, 배추 2장, 메추리알 4개, 죽순 30g, 목이버섯 3장, 영콘 4개, 닭육수 4컵, 간장 3큰술, 소금 1/2작은술, 우스터소스 1큰술, 참기름 2큰술, 물에 푼 녹말 4큰술

만드는 법

1 프라이팬에 식용유를 약간 두르고 씨푸드 믹스와 당근을 볶다가 재료가 단단한 순서대로 죽순, 불린 목이버섯, 영콘, 한입 크기로 자른 배추를 넣고 볶아 준다.

2 재료가 어우러지게 볶아졌으면 닭육수를 붓고 간장, 소금, 우스터소스로 간을 한다.

3 국물이 끓어 모든 재료가 익었으면 삶은 메추리알을 넣고 물에 푼 녹말로 농도를 맞춘다. 거기에 참기름을 넣고 골고루 섞어 준다.

4 접시에 따뜻한 밥을 담고 3의 팔보채를 듬뿍 올려 낸다.

●TIP

물에 푼 녹말은 한꺼번에 많은 양을 넣으면 덩어리가 생기므로 천천히 조금씩 둘러 가면서 넣는 것이 좋다.

고기 완자 수프

재료

다진 돼지고기 150g, 청경채 2포기, 당면 10g, 대파 1/2대, 닭육수 6컵, 전분 3큰술, 생강즙 1작은술, 소금 1작은술, 참기름 1작은술, 간장 1큰술, 후추 약간

만드는 법

1 대파는 잘게 다져서 다진 돼지고기와 생강즙, 전분 2작은술, 소금 1/2작은술, 후추, 참기름
  과 함께 골고루 치대어 한입 크기로 나누어 둥글린다.

2 냄비에 닭육수가 끓어오르면 소금 1/2작은술과 간장, 후추를 넣고 전분에 가볍게 굴린 고기
  완자를 하나씩 넣고 끓인다.

3 완자가 떠오르면 따로 데쳐 둔 당면과 청경채를 넣어 마무리한다.

●TIP

완자에 전분을 가볍게 입힌 후 수프에 넣으면 모양도 뭉그러지지 않고 깔끔하게 완성된다. 뿐만 아니라 겉에 묻은 전분이 수프를 걸쭉하게 해 준다. 청경채와 당면은 함께 끓이는 것보다 따로 미리 데쳐 두었다가 나중에 넣는 것이 깨끗하고 맛있는 수프를 완성할 수 있는 비법이다.

새우 샤오마이

재료

다진 돼지고기 100g, 보리새우 100g, 양파 1/4개, 전분 1큰술, 소금 1/3작은술, 우스터소스 1작은술, 설탕 1작은술, 생강즙 1작은술, 참기름 1큰술, 시판용 만두피 15장, 완두콩 6개, 후추 약간

〈초간장〉

간장 4큰술, 식초 3큰술

만드는 법

1 새우는 큼직하게 툭툭 잘라 놓고 양파는 아주 잘게 다져 준비한다.

2 다진 돼지고기와 새우, 다진 양파에 모든 조미료를 섞고 골고루 치대어 만두소를 만든 후 12개 분량으로 나눈다.

3 6개 분량의 만두피는 가늘게 채 썰어 둔다.

4 2의 만두소 중 6개는 3의 만두피로 옷을 입히고 가운데에 완두콩을 하나씩 올린다.
   나머지 6개 만두소는 만두피에 소가 감싸지는 느낌으로 모양을 만든다.

5 면포를 깐 찜기에 김이 오르면 만들어진 샤오마이를 담고 15분간 쪄 준다.

6 쪄진 샤오마이는 초간장과 함께 내간다.

구즈구즈 mama's cook

요리에 관심이 많은 아이들

요리책을 한 권, 두 권 쓰기 시작한 이유는 '내 아이들이(셋 중 하나가 아들이었어도 마찬가지였을 것이다) 결혼을 하거나 본인 스스로 식사를 책임져야 할 시기가 왔을 때 들려 보낼 수 있는 책이 엄마가 쓴 책이라면 얼마나 좋을까?'라는 바람에서였다.

그러다 보니 어느덧 레시피를 만들고 사진을 찍고 원고를 쓰는 것이 직업이 되었다. 그나마 다행인 것은 아직까지는 온전하게 아이들과 같은 공간에서 함께 생활하면서 일을 할 수 있다는 사실이다. 그래서일까? 아이들은 그림책보다 한쪽 벽면을 가득 채운 엄마가 모아 둔 세계 각국의 요리책들을 펼쳐 보는 것을 더 좋아한다. 그리고 서로 "이건 뭘까?" 조곤조곤 상의하다가 모르는 것은 엄마인 나에게 물으러 온다. 이 식재료는 무엇인지, 이건 뭘 하는 건지, 이 요리에는 뭐가 들어갔는지 등등을 말이다. 궁금한 것이 참 많은 아이들이다. 정말 질문이 많은 탓에 솔직히 살짝 귀찮을 때도 있다.

거기에 한술 더 떠서 우리 집 아이들이 텔레비전을 볼 때 만화영화 다음으로 즐겨보는 프로그램이 요리 방송이라면 믿겠는가? 사진 촬영이나 써야 할 원고가 없는 날에는 요리 프로그램에 채널을 고정하고 차도 마시고 새로운 아이디어도 구상하곤 하는데 그 옆에서 엄마보다 더 심각한 표정으로 그것을 보는 우리 집 아이들.

한번은 내가 가장 좋아하는 외국 요리 프로그램 할 시간이 되자, 5살 큰딸이 미리 과자랑 음

료수를 준비해 두는 등 만반의 준비를 갖추고 "엄마! 빨리! 시작한단 말야~"라며 날 부르는 것이 아닌가. 그러고는 큰딸, 작은 딸 둘 다 엄마인 나보다 빠져서 그것을 보기 시작한다. 서양 요리 프로그램의 요리사가 뭐라고 말하는지 알아듣긴 하는 건지……. 그 모습이 우습기도 하고 귀엽기도 해 그런 아이들을 마냥 보고 있다 보면 정작 나는 좋아하는 요리 프로그램의 절반을 그냥 놓쳐 버리곤 한다.

part 4

아이가 즐겨 먹는
퓨전 요리

오늘 엄마가 마치 요리 장인이 된 것처럼
온 마음을 담아 수프를 끓이고 면을 삶았다면 네가 좀 더 기뻐할까?

13th table

열세 번째 식탁

―아이 생각하는 그 마음을 담아낸 한 그릇―

MENU

미소 라멘+군만두+단무지

미소 라멘

재료

다진 돼지고기 100g, 마늘 2쪽, 숙주나물 100g, 부추 4~5줄기, 당근 1/2개, 목이버섯(불린 것) 6장, 양배추 2장, 달걀 2개, 미소(왜된장) 5큰술, 대파(하얀 부분) 1대, 닭육수 6컵

만드는 법

1. 프라이팬에 다진 돼지고기와 다진 마늘을 넣고 포슬포슬하게 볶아 주다가 얇게 썬 당근과 도톰하게 채 썬 양배추, 그리고 숙주나물을 넣고 같이 볶는다.
2. 모든 재료가 어우러지게 볶아졌으면 닭육수를 붓고 팔팔 끓인다.
3. 10분 정도 팔팔 끓인 후에 불려 둔 목이버섯과 약 5cm 폭으로 썬 부추를 넣고 불을 끈다. 거기에 미소를 골고루 풀어 준다.
4. 그릇에 따로 삶아 물기를 뺀 중화면을 넣고 3의 국물을 건더기와 함께 듬뿍 올려 준다. 어른용에는 가늘게 채를 썬 대파와 삶은 달걀을, 아이들용에는 삶은 달걀을 올린다.

●TIP

미소는 반드시 불을 끈 후에 풀어 주어야 특유의 맛과 향, 영양이 날아가지 않으므로 주의한다. 라멘의 면은 중화면을 이용하는데 뜨거운 물에서 1~2분 가볍게 삶고 난 후에 체에 받쳐 물기를 탈탈 털어 준다. 그리고 그것을 찬물에 헹구지 않고 뜨거운 상태 그대로 그릇에 담고는 국물을 붓는다. 아이용 달걀은 모양틀을 이용해 귀여운 모양을 내 주면 좋다.

군만두

재료
다진 돼지고기 250g, 양배추 2~3장, 부추 7~8줄기, 마늘 2쪽, 생강 1개, 만두피 20장, 간장 3큰술, 소금 1작은술, 후추 1작은술, 참기름 1큰술, 대파 1/2대

〈소스〉
간장 5큰술, 식초 5큰술, 고추기름 약간, 참기름 약간

만드는 법
1 부추와 양배추는 잘게 다진다. 다진 돼지고기와 부추, 양배추 그리고 모든 조미료를 볼에 함께 넣고 손으로 골고루 차지게 치대 만두 소를 만든다.
2 만두피에 2/3큰술 분량의 1을 올리고 테두리에 물을 바른 후, 만두피를 접어 눌러 가면서 모양을 잡는다.
3 식용유와 참기름을 각각 1큰술씩 두른 프라이팬에 만두를 나열한 후 아랫부분이 갈색빛이 돌 정도로 굽는다. 이어 물 1컵을 붓고 뚜 껑을 덮어 속까지 확실하게 익혀 준다.
4 물이 거의 졸아들고 만두피가 투명해졌으면 뚜껑을 열고 다시 바닥이 바삭해질 수 있게 살짝 굽는다. 그런 후에 접시를 프라이팬에 대고 그것을 그대로 뒤집어 담아낸다. 그리고 그 위에 채 썬 대파를 올린다.
5 소스를 만들 때 어른용에는 간장, 식초, 고추기름을 섞고, 아이들용에는 고추기름 대신 참기름을 넣는다.

돌잔치에서 긴 무명실을 잡았던 너.
그 무명실보다도 더더 오래오래 건강하게 살아가야 한다.

열네 번째 식탁

―아이의 무병장수를 기원하며 꼼꼼하게 준비한 식탁―

MENU

일본식 냉소면+해물 채소 튀김

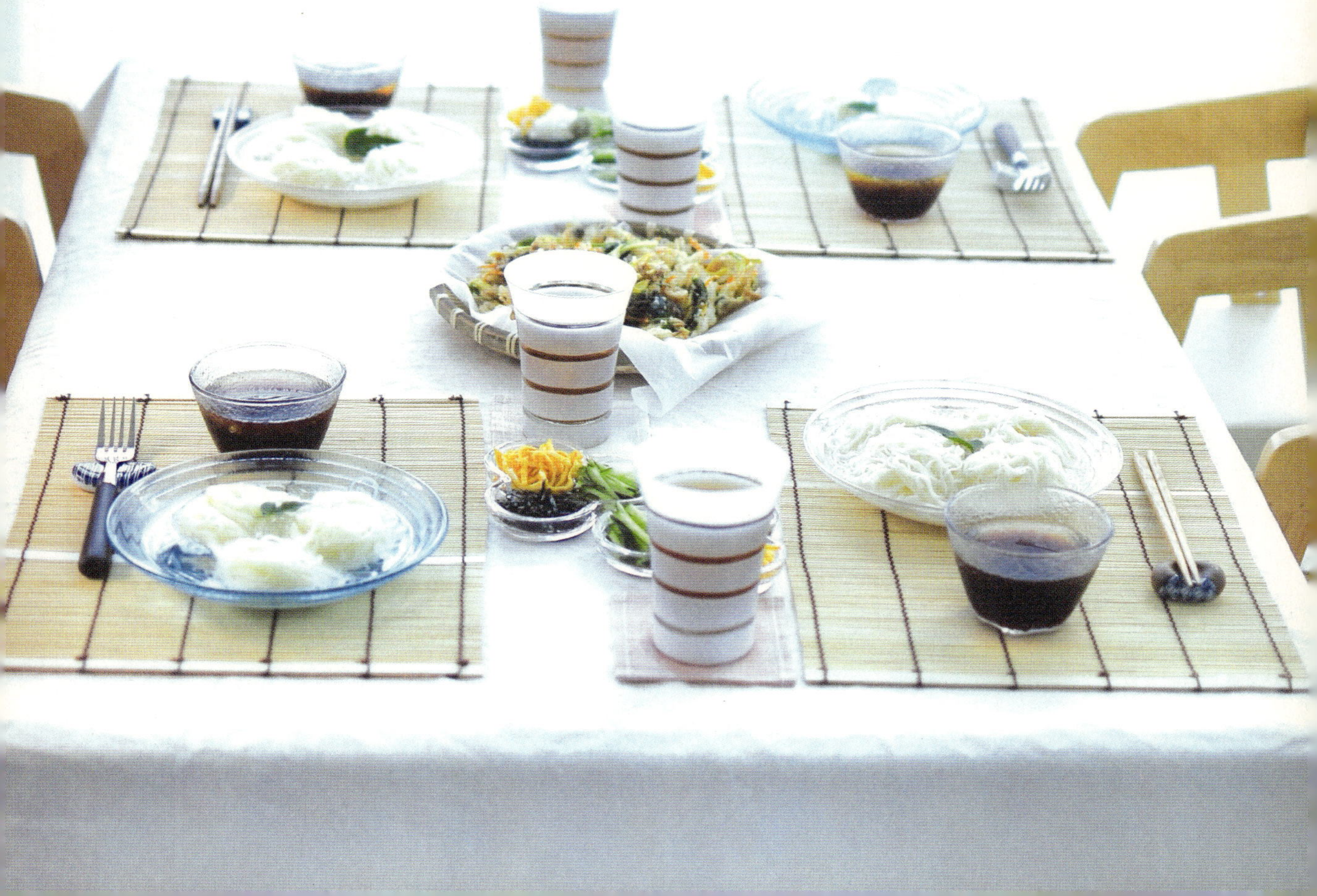

일본식 냉소면

재료
국수 3인분, 달걀 2개, 오이 1개, 대파 1대, 구운 김(전장) 1장, 고추냉이(와사비) 2작은술

〈소면 쯔유〉
가쓰오부시 다시 2컵, 미림 3큰술, 간장 7큰술, 설탕 2작은술

만드는 법

1 가쓰오부시 다시에 모든 조미료를 넣고 2분 정도 펄 펄 끓인 후에 차게 식힌다.

2 달걀은 잘 풀어서 얇게 지단을 부친 후에 한 김 식히 고 오이와 함께 가늘게 채를 썰어 둔다. 김은 가위로 잘게 잘라 둔다. 대파는 가로로 얇게 썰어 둔다.

3 작은 접시에 달걀지단, 오이채, 김채, 대파, 고추냉이 의 고명을 따로 담는다. 단, 아이용은 대파와 고추냉 이를 제외한다.

4 쯔유는 작은 컵에 60% 정도 따르고 얼음을 한두 개 띄워 차갑게 준비한다.

5 소면은 넓은 냄비에 물을 넉넉히 넣고 삶아 낸 후, 여 러 번 찬물에 헹구고 동그랗게 말아서 접시에 올린다. 내갈 때는 얼음을 올린다.

6 쯔유에 고명을 약간씩 넣어 가면서 소면을 찍어 먹는 다.

국수는 아이들이 좋아하는 메뉴 중에 한 가지로 달작지근하면서도 감칠맛 나는 쯔유와 함께 내 주면 여름 별미로 그만이다. 색색별의 고명들을 조금씩 넣어 가면서 쯔유에 소면을 찍어 먹는 것도 아이들에게는 또 하나의 놀이요, 큰 이벤트다. 고명으로 간 참깨나 참기름을 넣어도 좋다.

🍃 해물 채소 튀김

재료

박력분 1컵, 물(냉수) 1컵, 시푸드 믹스 100g, 고구마 1/4개, 당근 1/3개, 대파 1대, 양파 1/2개, 미나리 5~6줄기, 소금 2작은술

만드는 법

1 당근과 고구마는 가늘게 채 썰고 양파는 얇게 썬다. 대파는 동글동글하게 얇게 썬다. 미나리는 5cm 폭으로 잘라 둔다.
2 시푸드 믹스는 완전하게 해동시킨 후에 소금물에 살살 흔들어 씻어 물기를 뺀다.
3 찬물에 밀가루와 소금을 넣고 덩어리가 남지 않게 천천히 잘 섞어서 반죽을 만든다.
4 3의 반죽에 1과 2의 재료들을 넣고 골고루 섞는다.
5 골고루 섞은 반죽은 작은 국자 하나 크기 정도로 떠서 기름에 흘려 넣고 앞뒤로 튀겨 낸다.
6 튀김은 소면 쯔유에 함께 찍어 먹는다.

●TIP

해물 채소 튀김에 사용하는 해물은 반드시 완전하게 해동을 시킨 후에 튀기는 것이 좋다. 미처 다 해동되지 못한 해물을 뜨거운 기름 속에 넣으면 수분이 팽창해 기름이 튀는 경우가 발생하기 때문이다. 마른 꽃새우를 넣어도 맛있다.

구즈구즈 mama's cook

카레 바다에 누가 있는지 보렴.
앗! 여기가 카레 온천인가?
너희들과 함께 엄마도 아이가 된 것 같아.

15th table

열다섯 번째 식탁

— 아이와 함께 동심의 세계로 떠나는 시간 —

:

MENU

카레라이스+단호박 샐러드+채소 콩소메 수프

🍃 카레라이스

재료

따뜻한 밥 3공기, 양파 1개, 감자 2개, 당근 1개, 돼지고기(또는 소고기) 얇게 썬 것 200g, 매운맛 카레 가루 2인분, 순한맛 카레 가루 1.5인분, 물 8컵, 브로콜리 약간, 구운 김 약간

만드는 법

1 양파는 가늘게 썰어 냄비에 식용유를 약간 두르고 약불에서 천천히 볶는다.

2 양파가 갈색이 돌면 고기를 뭉치지 않게 넣고 함께 볶아 준다. 그러다가 고기가 익은 색이 돌면 물을 붓고 썰어 놓은 감자와 당근을 넣어 함께 15분 정도 중불에서 푹 끓인다.

3 재료들이 푹 익었으면 감자와 당근을 10개씩 건져 내 전기밥솥 안에 넣어 보온하고 남은 국물과 건더기는 3:2 분량으로 따로 나눈다.

4 3분량에는 매운맛 카레 가루를 넣고 2분량에는 순한맛 카레 가루를 넣어 덩어리가 남지 않게 골고루 잘 풀어 준다.

5 밥은 따뜻할 때, 랩을 이용해서 원하는 모양으로 만들고 데친 브로콜리나 김 등으로 장식한다.

6 접시에 모양을 낸 밥을 올리고 4의 카레를 적당량 붓고 건져 놓은 감자와 당근을 보기 좋게 올린다.

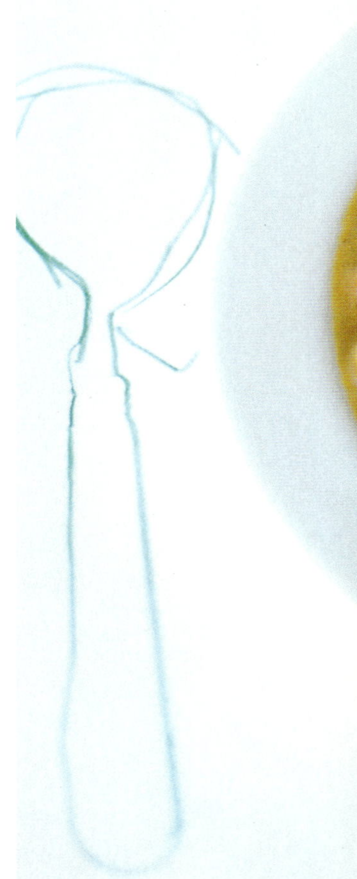

●TIP

양파는 충분히 볶아야 특유의 단맛을 풍부하게 느낄 수 있다. 다른 재료들은 너무 오랜 시간 끓이지 않아야 뭉개지지 않고 깔끔하고 예쁜 토핑이 가능하다. 카레뿐 아니라 짜장밥이나 해시라이스 등에 응용해도 좋다.

🍃 단호박 샐러드

재료

단호박 1/4통, 스위트콘 2큰술, 샐러드용 햄 2장, 슬라이스 아몬드 1큰술, 마요네즈 1큰술, 꿀 1/2큰술

만드는 법

1 단호박은 껍질을 벗겨 찜통에 찐다. 그것을 부드럽게 으깬 후 열기를 식혀 둔다.
2 슬라이스 햄은 잘게 다지고 스위트콘은 체에 받쳐 물기를 빼 준다.
3 1에 슬라이스 아몬드를 제외한 모든 재료를 넣고 골고루 섞는다.
4 그릇에 담고 슬라이스 아몬드로 장식한다.

●TIP

단호박 외에 고구마를 함께 쪄서 해도 좋다. 토핑으로 건포도나 구운 호두를 넣어도 좋고 어른용으로는 다진 양파나 머스터드를 첨가해도 좋다. 샐러드를 빵에 넣으면 단호박 샌드위치로 즐길 수 있다.

🌿 채소 콩소메 수프

재료
양파 1/2개, 양배추 3장, 당근 1/3개, 셀러리 1대, 치킨 스톡 5컵(콩소메 1조각+물 5컵), 소금 1작은술, 후추 약간

만드는 법
1 모든 재료는 다지듯이 작게 썰어 냄비에 식용유를 약간 두르고 양파와 당근, 셀러리, 양배추 순으로 넣어 볶는다.
2 모든 재료들에 기름이 고르게 돌게 볶아졌으면 치킨 스톡을 넣은 후 10분 정도 푹 끓인다.
3 소금과 후추로 간을 하여 마무리한다.

●TIP
재료를 익히는 순서와 시간을 잘 파악하는 것이 채소 수프를 맛있게 끓이는 중요한 포인트이다. 양파는 항상 충분히 볶는 것이 좋다. 양파에서 우러나오는 풍미와 단맛이 수프를 좌우한다고 할 정도로 중요하기 때문이다. 그러므로 양파는 갈색이 돌 때까지 중약불에서 천천히 그리고 충분히 볶아 준다.

papa
curyy

포크는 왼손에, 나이프는 오른손에 쥐는 거란다.
양식을 먹을 때는 말이지, 좀 더 우아한 아가씨가 되어야 하는 거야

열여섯 번째 식탁

— 아이를 더욱 특별하게 만들어 줄 수 있는 메뉴 —

MENU

햄버그스테이크+포테이토 수프+콘버터밥

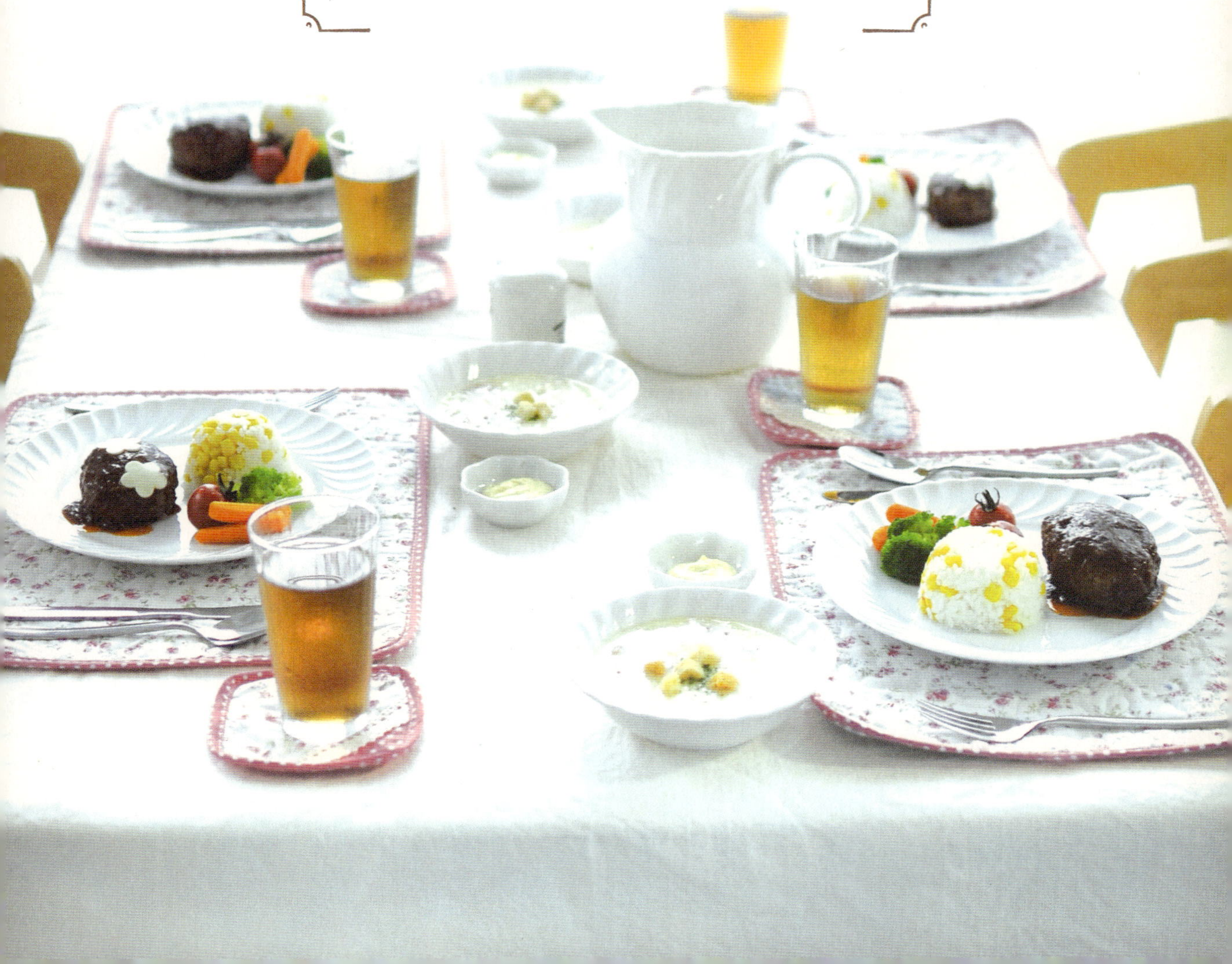

햄버그스테이크

재료

다진 고기 300g, 양파 1/2개, 너트메그 1작은술, 빵가루 3큰술, 우유 5큰술, 소금 1작은술, 후추 약간

〈소스〉

토마토케첩 5큰술, 돈카츠 소스 5큰술, 간 참깨 2큰술, 물 3큰술

〈가니쉬〉

브로콜리 1/2송이, 방울토마토 10개, 치즈 1장, 당근 1/2개, 마요네즈 소스 적당량

〈마요네즈 소스〉

마요네즈 3큰술, 파르메산 치즈 1큰술, 후추 약간

만드는 법

1 양파는 잘게 다져서 프라이팬에서 갈색이 돌 때까지 충분히 볶아 낸 후 식혀 두고 빵가루는 우유를 부어서 불려 둔다.

2 큼직한 볼에 1과 다진 고기, 너트메그, 소금, 후추를 넣고 충분히 치대 준다.

3 반죽은 큰 것 2덩어리와 작은 것 2덩어리로 나누고 둥글넓적한 모양을 잡아 프라이팬에서 앞뒤로 구워 준다.

4 양면이 먹음직스럽게 구워졌으면 물을 1/2컵 붓고 뚜껑을 덮어 속까지 확실하게 익혀 준다. 물이 완전하게 졸아들 때까지 가열하다 물이 거의 졸아들었으면 뚜껑을 열고 양면이 다시 노릇해질 때까지 살짝 구워 준다.

5 햄버그스테이크가 익을 동안, 브로콜리와 길쭉하게 썬 당근을 소금물에 데쳐 준비한다.

6 소스의 모든 재료를 프라이팬에 넣고 살짝 조린 후, 햄버그스테이크에 버무려 준다.

7 아이들을 위해 치즈 등을 귀여운 모양찍기 틀로 모양을 내서 햄버그스테이크 위에 올려 준다.

●TIP

햄버그스테이크를 프라이팬에 그냥 구울 경우, 반죽을 매우 얇게 해서 굽는다. 또한 100% 소고기가 아닌 돼지고기가 섞인 고기를 이용할 경우라면 물을 부어 스팀으로 속까지 확실하게 익혀 준다. 가니쉬로 사용되는 채소들은 취향에 따라 다른 샐러드로 대체가 가능하다.

🌿 포테이토 수프

재료

감자 4개, 양파 1/2개, 베이컨 2장, 우유 1/2컵, 치킨 스톡 1컵(콩소메 1조각+물 1컵), 소금 1작은술, 후추 약간, 파슬리, 크루통 약간

만드는 법

1 감자는 작게 잘라 치킨 스톡과 함께 끓여 푹 익혀 준 후, 포테이토 메셔 등을 이용해 엉글성글 뭉개 준다.

2 프라이팬에 다진 양파와 베이컨을 넣고 양파가 갈색이 돌 때까지 볶아 주다 1의 재료들을 모두 붓고 함께 끓인다.

3 소금과 후추로 간을 한 후에 그릇에 담아 파슬리와 크루통을 올려 내간다.

●TIP

감자는 믹서에 갈아도 되지만 포테이토 메셔를 이용해 엉글성글하게 뭉개 주는 것이 좋다. 약간의 덩어리가 씹히는 것이 식감도 좋을 뿐만 아니라 더 진하고 포만감 있는 수프로 즐길 수 있기 때문이다.

🌿 콘버터밥

재료

스위트콘 1/3캔, 버터 2큰술, 따뜻한 밥 3공기

만드는 법

1 스위트콘은 체에 받쳐 물기를 빼 둔다.
2 볼에 따뜻한 밥과 버터를 넣고 버터가 녹을 때까지 골고루 섞는다. 그리고 1의 스위트콘
   을 넣고 다시 골고루 섞는다.
3 밥공기나 적당한 용기를 이용해 밥을 꼭꼭 눌러 담는다. 그리고 그것을 접시에 거꾸로 뒤
   집어 모양을 잡아 준다.

●TIP

스위트콘 대신 완두콩이나 병아리
콩 등 아이들이 좋아하는 재료들을
다양하게 활용해 보자. 밥 위에 깃
발이나 네임 카드를 꽂아 주는 이벤
트가 가능한 메뉴이기도 하다.

구즈구즈 mama's cook

아이들이 가장 좋아하는 음식

내가 어렸을 때, 친정엄마는 규모가 꽤 큰 한식당에서 주방 참모로 일하셨다. 아침 일찍 나가 식당이 문 닫을 때까지 일을 하셔야만 했던 엄마는 집에서 식구들이 먹을 반찬을 식당에서 일하시는 짬짬이 참 많이도 만드셨다. 그래서 우리 집 냉장고 안에는 항상 갈비, 불고기, 조기구이 등등이 꽉꽉 채워져 있었다. 양 또한 식구들이 다 먹을 수도 없을 정도로 엄청났다. 하지만 나랑 내 동생이 가장 좋아했던 것은 따로 있었다. 그건 바로 엄마가 쉬는 날, 정말 피곤해서 따로 장도 못 봐 집 앞 슈퍼에서 산 두부 한 모 툭툭 썰어 넣고 와르르 끓여 주시던 김치찌개였다.

일본에서 일을 시작하면서 가장 생각나고 그리웠던 음식도 바로 그 김치찌개였다. 지금도 가끔 한국에 가면 엄마는 온갖 솜씨를 발휘해 상다리 부러져라 한 상 차려 놓는다. 하지만 다른 반찬은 눈에도 안 들어온다. 바로 엄마표 김치찌개로 숟가락 직결이다. 그럼 엄마는 많고 많은 다른 반찬 다 놔두고 김치찌개에다 밥을 먹느냐고 핀잔을 주신다. 그렇지만 그게 바로 내 마음의 안식처인 걸 어쩌랴. 내가 집에 돌아왔다는 확인인 셈이다.

아이가 가장 좋아하는 음식은 비싼 재료로 오랜 시간과 정성을 들여 만든 진수성찬이 아니다. 아이를 위해 음식을 만들고 있는 엄마의 정겨운 뒷모습, 그걸 먹을 때 아이를 바라봐 주는 엄마의 따뜻한 눈빛, 그리고 한 식탁에서 엄마와 함께하는 그 포근한 순간이 바로 최고의 음식인 것이다.

part 5

엄마와 함께 먹는
웰빙 요리

좋아하는 건 뭐든지 넣어 보렴.
스키야키는 네가 좋아하는 모든 것을 넣을 수 있단다.
단, 딸기는 빼고!

열일곱 번째 식탁

—아이가 먹는 즐거움을 마음껏 느낄 수 있는 한 상—

MENU

스키야키+당근 멸치 볶음밥+오이와 무 아사즈케

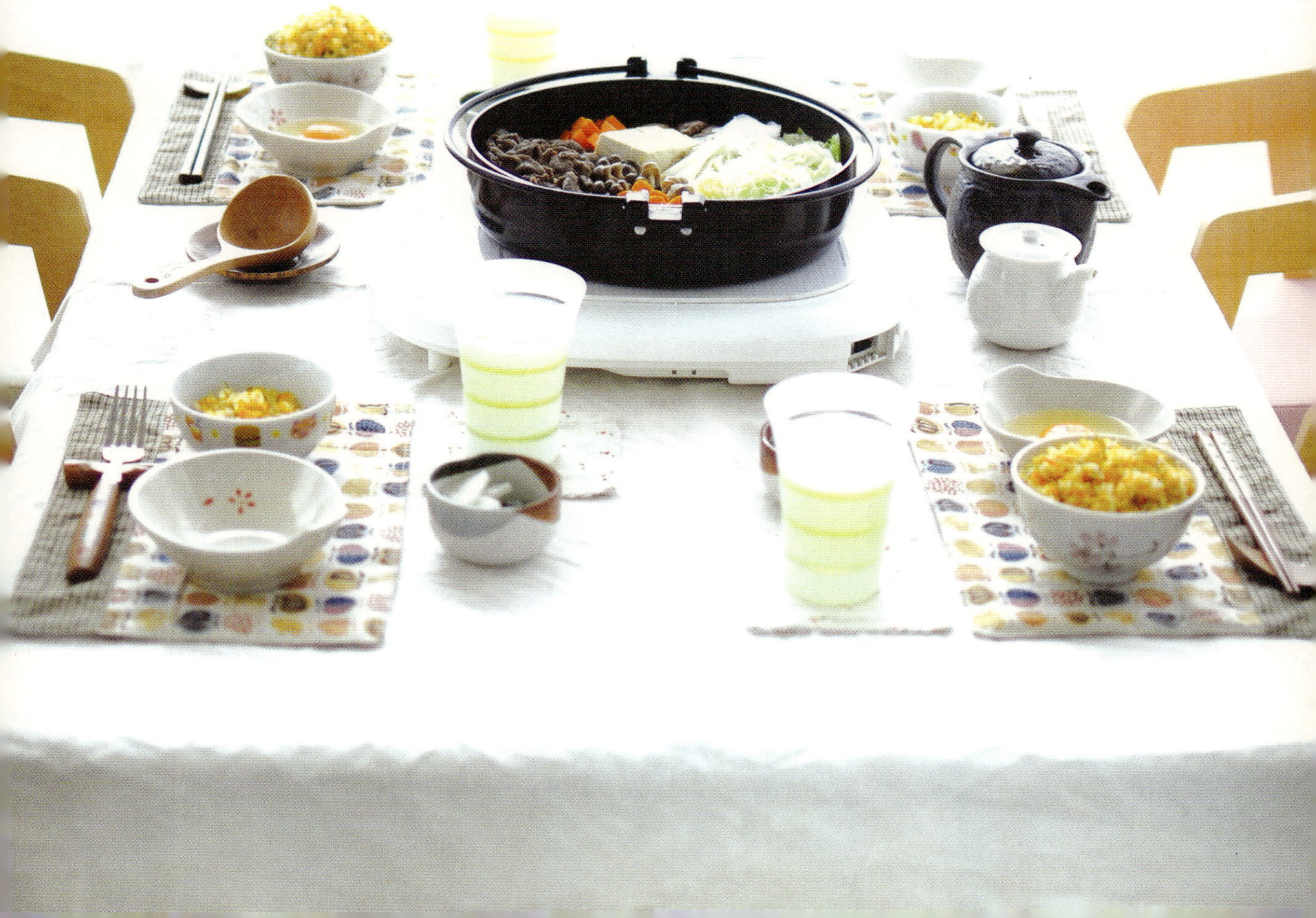

구즈구즈 mama's cook

스키야키

재료

불고기용 소고기 300~400g, 배추 1/8포기, 양파 1/2개, 대파 1개, 당근 1/2개, 표고버섯 6개, 판두부 1/2모, 실곤약 100g, 만가닥버섯 50g, 다시마 다시 1컵 반, 달걀 2개

〈스키야키 타레〉 간장 5큰술, 미림 5큰술, 설탕 1큰술

만드는 법

1 스키야키 타레는 한데 섞어 준비하고 각종 채소들과 두부, 실곤약 등도 먹기 좋은 크기로 잘라 준비한다.
2 넓고 우묵한 프라이팬 또는 전골냄비에 식용유를 1큰술 정도 두르고 소고기를 볶아 준다. 그러다가 소고기가 완전히 익으면 준비한 스키야키 타레를 절반 정도 붓고 졸이듯이 볶는다.
3 국물이 절반 정도 줄어들면 준비한 채소들과 두부, 실곤약 등을 보기 좋게 둘러 담고 뜨거운 다시마 다시를 적당히 부어 준다.
4 뚜껑을 덮고 중약불에서 뭉근히 재료들을 익힌다.
5 재료들이 익으면 조금씩 덜어 잘 푼 날달걀에 찍어 먹는다. 조금씩 추가로 넣어 가면서 익혀 먹는다. 타레와 다시도 모자라면 추가한다.

●TIP

일본어로 스키야키는 '좋아하는 것을 굽다'라는 의미다. 그러므로 레시피에 소개된 재료 이외에도 좋아하는 재료들을 자유롭게 넣어서 익혀 먹으면 된다. 소고기 대신 돼지고기도 좋고 필러로 얇게 썬 무나 청경채, 유부도 좋다.

🍂 당근 멸치 볶음밥

재료

잔멸치 200g, 당근 1개, 밥 2공기 반

만드는 법

1 강판에 당근을 곱게 갈아 프라이팬에 식용유 1큰술을 두르고 잔멸치와 함께 중약불에서 천
  천히 볶아 준다.
2 잔멸치 내음이 올라오기 시작하면 밥을 넣고 골고루 섞어 가면서 볶아 준다.

●TIP

다른 볶음밥에 비해 기름의 사용량이 적고 당근을 갈아서 사용하기 때문에 이것을 싫어하
는 아이들에게도 위화감이 덜 들 수 있다. 멸치의 염분만으로도 간이 어느 정도 되기 때문에
따로 소금은 넣지 않는다.

🌿 오이와 무 아사즈케

재료

오이 1개, 무 1/6개

〈절임액〉

다시마 다시 3컵, 소금 1/3큰술, 설탕 1작은술, 식초 1/2컵

만드는 법

1 뜨거운 다시마 다시에 설탕과 소금, 식초를 넣고 잘 섞어 식힌다.
2 취향에 따라 오이와 무를 적당히 썰어 위생 폴리팩에 담는다.
3 2의 폴리팩에 식힌 1의 절임액을 넣고 비닐 입구를 잡는다. 그리고 그것을 손으로 20회 정
   도 주무른 후 냉장고에서 차게 식혀 낸다.

●TIP

아사즈케는 얼갈이 채소로 감칠맛을 내는 다시에 약간의 간을 해 가볍게 절인 반찬으로 식사 중 입가심하는 역할을 한다. 오이와 무뿐 아니라 배추나 당근, 양배추 등 여러 가지 채소를 응용할 수 있다.

구즈구즈 mama's cook

네가 어른이 되어서도 우리 엄마가 자주 해 주던
'엄마의 맛'을 기억했으면 좋겠어.
그리고 네 아이에게도 똑같이 만들어 줄래?

18th table

열여덟 번째 식탁

— 아이에게 전해 주고 싶은 푸근한 엄마의 맛 —

MENU

오므라이스+닭가슴살 참깨 샐러드+미네스트로네

Tomato salad
Strawberry Ice cream
Coffee or Tea

오므라이스

재료

따뜻한 밥 3공기, 당근 1/2개, 양파 1/2개, 감자 1/2개, 베이컨 4장, 완두콩(통조림) 3큰술, 소금 1/2큰술, 후추 약간, 달걀 6개

〈곁들이용 채소〉 브로콜리 1송이, 방울토마토 12개

만드는 법

1 감자, 당근, 베이컨, 양파는 잘게 잘라 준비한다.

2 프라이팬에 자른 감자와 양파를 넣고 1~2분 볶다가 이어 당근과 베이컨도 넣고 함께 볶는다. 모든 재료가 부드러워질 때까지 볶아 준다.

3 불을 줄이고 따뜻한 밥이 덩어리가 없게끔 골고루 섞어 가면서 볶는다. 이어 완두콩을 넣고 소금과 후추로 간을 한 뒤, 다시 한 번 골고루 섞어 가면서 볶아 준다.

4 아이용은 볼에 달걀을 1개 깨 넣어 젓가락으로 잘 풀고 기름을 둘러 달군 프라이팬에 붓는다. 그리고 재빠르게 프라이팬을 굴려 가면서 부치다가 밥을 2/3공기 정도 올린 후, 동그랗게 감싸 낸다. 어른용은 달걀 2개를 부쳐 밥 1공기씩에 올려 타원형으로 감싸 낸다.

5 프라이팬을 기울여 접시에 굴리듯이 담아낸다. 완성된 오므라이스에 케첩을 뿌리고 데친 브로콜리와 방울토마토를 곁들인다. 특히 아이들을 위해 반으로 자른 토마토나 슬라이스 치즈 등을 이용하면 재미있는 모양을 연출할 수 있다.

●TIP

오므라이스 속 볶음밥의 재료는 취향에 따라 아무거나 넣어도 좋다. 새우나 닭고기, 스위트콘 등 아이가 좋아하는 재료에서부터 잘 안 먹으려고 하는 재료까지 다양하게 넣어 보자. 오므라이스는 일단 달걀로 감싸면 얼마든지 모양 내기가 쉬워진다. 데친 당근이나 치즈를 귀여운 모양틀로 찍거나 케첩으로 간단한 메시지를 쓰는 것도 재미있다. 데친 채소 등의 부재료를 이용해 모양을 만들어 보는 것도 좋다.

닭가슴살 참깨 샐러드

재료

닭가슴살 100g, 양상추 1/4통, 오이 1/2개

〈참깨 드레싱〉 간 참깨(깨소금) 4큰술, 간장 1큰술, 설탕 1작은술, 마요네즈 4큰술, 식초 1큰술

만드는 법

1 양상추는 차가운 물에서 씻어 낸 후에 손으로 잘게 찢어 준비한다.
2 오이는 소금으로 문질러 씻은 후에 가늘게 채를 썰어 둔다.
3 닭가슴살은 끓는 물에 데친 후, 찬물에 담가 잔열을 빼 준 다음 손으로 잘게 찢어 준다.
4 참깨 드레싱의 모든 재료들을 한데 골고루 섞어서 드레싱을 만든다.
5 샐러드 볼에 양상추, 오이, 닭가슴살 순으로 담고 먹기 직전에 드레싱을 뿌려 내간다.

●TIP

닭가슴살을 데칠 때는 너무 크지 않은 크기로 잘라 준다. 그러면 데치는 시간과 식히는 시간을 단축시킬 수 있다. 오이 대신 당근이나 파프리카를 사용해도 좋다. 드레싱은 시판되는 참깨 드레싱이나 고구마 드레싱을 사용해도 무관하다.

미네스트로네

재료

양배추 3장, 셀러리 1/2대, 양파 1/2개, 당근 1/2개, 베이컨 4장, 대두(통조림 또는 삶은 것) 200g, 숏파스타 50g, 홀토마토 1캔, 고형 콩소메 1조각, 물 4컵, 소금 1/2큰술, 후추 약간

만드는 법

1 모든 재료는 잘게 잘라 준비하고 대두는 체에 받쳐 물기를 빼 둔다.

2 냄비에 식용유 1큰술 정도를 두르고 1의 재료를 중불에서 타지 않게 천천히 볶는다.

3 2의 채소들이 부드럽게 한 숨 죽었으면 홀토마토, 물, 콩소메를 넣고 중불에서 10분 정도 끓여 준다.

4 수프가 끓는 동안 숏파스타는 뜨거운 물에 삶아 내어 체에 받쳐 준비한다. 이때, 숏파스타는 수프에 넣을 것이기 때문에 보통 삶는 시간보다 조금 빨리 건져 낸다.

5 수프가 한 소큼 끓었으면 소금과 후추로 간을 하고 삶아 둔 숏파스타와 함께 골고루 섞어 담아낸다.

●TIP

취향에 따라 데친 브로콜리나 셀러리, 그린 아스파라거스 등을 넣어도 좋다. 파스타의 종류와 브랜드에 따라 각각 삶는 시간이 다르기 때문에 겉포장에 표기된 삶는 시간을 참고하도록 한다. 또 삶은 파스타가 남았을 경우에는 랩이나 지퍼팩에 담아 냉동실에 넣어 두었다가 해동시켜 사용하면 된다.

Mom's Cafe Today's Lunch Menu
Potage soup
Egg sandwich

보드랍고 폭신한 이 사랑스러운 오믈렛을 한입 먹으면
꼭 너희들의 귀여운 볼 같아서 엄마는 입가에 미소가 떠올라.

열아홉 번째 식탁

― 아이의 볼처럼 보드랍고 폭신한 사랑스러운 디쉬 ―

MENU

치킨라이스+에그 시저샐러드+소시지 포토푀

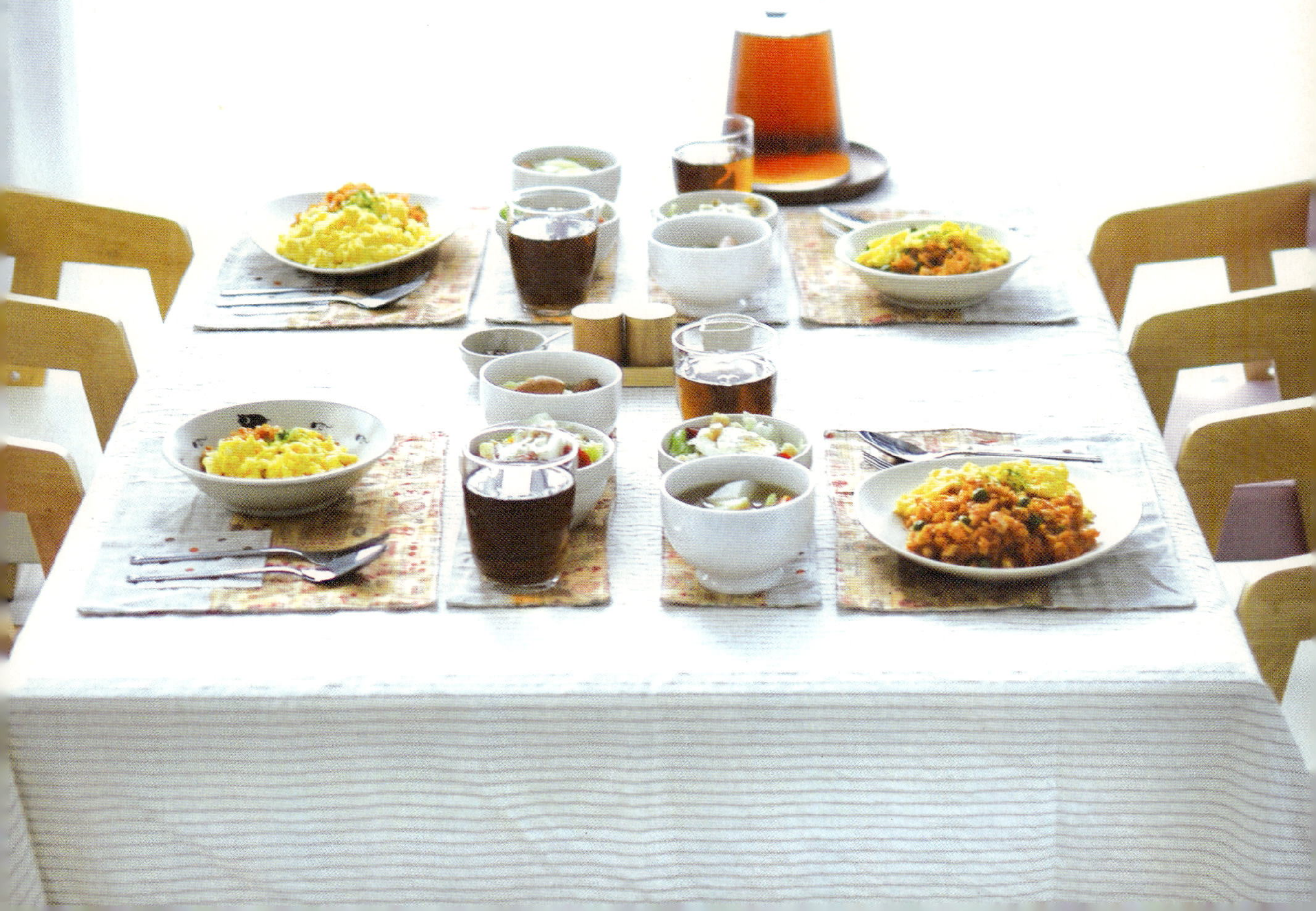

치킨라이스

닭가슴살 200g, 양파 1/2개, 완두콩 3큰술, 케첩 5큰술, 밥 3공기, 소금 약간, 후추 약간, 달걀 6개(어른 2개, 아이 1개), 생크림 6큰술(어른 2큰술, 아이 1큰술), 파슬리 약간

만드는 법

1. 닭가슴살과 양파는 잘게 다져서 식용유 1큰술을 두른 프라이팬의 중불에서 볶아 준다. 소금과 후추로 살짝 밑간을 해 가며 3분 이상 충분히 볶아 준다.
2. 닭가슴살이 완전하게 익었으면 케첩을 넣고 2~3분 간 타지 않게 저어 가면서 볶아 준다.
3. 케첩이 어느 정도 줄어들면 밥을 넣고 골고루 섞어 가면서 볶아 준다.
4. 밥이 볶아졌으면 그릇에 나누어 담아내고 생크림을 넣어 잘 푼 달걀물을 스크램블해서 밥 위에 올린다. 그리고 그 위에 파슬리를 살짝 뿌려 준다.

●TIP

케첩은 반드시 밥을 넣기 전에 볶아서 수분을 날려야 맛이 진하고 밥도 뭉치지 않는다. 스크램블에는 생크림 대신 우유를 넣어도 괜찮다.

 ## 에그 시저샐러드

재료
삶은 달걀 2개, 크루통 4큰술, 양상추 1/2통, 미니 토마토 4개, 파르메산 치즈 약간

〈시저샐러드 드레싱〉
마요네즈 4큰술, 식초 2큰술, 파르메산 치즈 1큰술, 설탕, 소금, 후추 각각 약간

만드는 법
1 양상추는 물에 깨끗하게 씻은 후, 물기를 털어 내고 손으로 잘게 찢어서 준비한다.
2 삶은 달걀은 가로로 썰고 토마토도 4등분으로 잘라 준비한다.
3 드레싱의 모든 재료를 한데 섞어 시저샐러드 드레싱을 만든다.
4 샐러드 볼에 양상추, 삶은 달걀, 토마토, 크루통, 파르메산 치즈 순으로 담고 마지막으로
　드레싱을 뿌려 준다.

●TIP
양상추 대신 로메인 레터스나 어린 잎 등 각자가 좋아하는 잎채소를 사용해도 좋다.

🍂 소시지 포토푀

재료

소시지 6개, 감자 2개, 양파 1/2개, 당근 2/3개, 셀러리 2개, 무 1/4개, 치킨 스톡 5컵(콩소메 1조각+물 5컵), 소금 1/2큰술, 후추 약간, 씨겨자 취향대로

만드는 법

1 소시지는 어슷하게 반으로 자르고 감자, 당근, 양파, 무는 큼직하게 썰어 준비한다.
2 셀러리는 줄기의 섬유질을 제거한 후에 얇게 어슷썰기해 준다.
3 냄비에 모든 재료를 넣고 10~15분 정도 푹 끓인다. 어른용은 씨겨자를 따로 담아낸다.

●TIP

소시지 대신 돼지고기나 닭고기를 사용해도 좋다. 단, 아이가 덩어리 고기를 잘 씹어 먹을 수 있는 연령인지를 잘 판단한 후에 사용하도록 하자.

밖에서 마음껏 뛰어놀 수 있는
튼튼하고 활기찬 너희들이 되어 주었으면 좋겠어.
오늘도 싹싹 비우기다! 자, 준비~ 땅!

스무 번째 식탁

— 아이가 힘차게 뛰어놀 수 있는 든든한 에너지원 —

MENU

단호박밥+닭 카라아게+우엉 참깨 무침+맑은 무국

구즈구즈 mama's cook

단호박밥

재료

단호박 1/4통, 다진 돼지고기 150g

〈고기 양념〉 간장 2큰술, 미림 2큰술, 설탕 1작은술, 쌀 2컵, 물 2컵

만드는 법

1 다진 돼지고기는 프라이팬에서 포슬포슬하게 볶은 후에 간장, 미림, 설탕을 넣고 국물이 거의 다 졸아 들 때까지 조린다.
2 단호박은 속을 파내고 껍질을 깨끗하게 씻는다. 딱 딱한 부분은 칼로 도려낸 후에 1cm×1cm 크기로 잘라 준비한다.
3 쌀은 깨끗하게 씻어 물을 맞춘 후에 다진 돼지고기 와 단호박 순으로 올리고 취사한다.

●TIP

밥에 넣는 돼지고기는 반드시 완전하게 볶아서 조린 후에 넣도록 한다. 생고기를 넣을 경우 간 도 배어 있지 않은 상태일 뿐만 아니라 덩어리째 익어 버리고 밥도 지저분해진다. 또한 돼지 누 린내가 날 수도 있다. 반드시 순서대로 조리하도록 한다.

🍃 닭 카라아게

재료

닭다리살 300g, 마늘 2작은술, 생강 2작은술, 간장 1큰술, 굴소스 1큰술, 참기름 1큰술, 소금 1작은술, 후추 적당량, 밀가루 3큰술, 달걀 흰자 1/2개분

만드는 법

1 닭다리살은 한입 크기로 잘라 볼에 담고 간 생강과 마늘, 간장, 굴소스, 소금, 후추, 참기름을 넣고 1~2분간 계속 주물러 맛이 배이게 한다.
2 1에 밀가루와 달걀 흰자를 넣고 모든 닭에 튀김옷이 골고루 입혀질 수 있게 1분간 손으로 힘차게 주물러 준다.
3 175~180도 정도 뜨겁게 기름이 오르면 2의 닭 한 조각씩을 재빠르게 넣고 튀긴 후에 건져 낸다.
4 다시 기름 온도가 오르면 3의 튀겨 낸 닭을 모두 다시 넣고 노릇한 갈색이 돌 때까지 튀긴 후에 건져 낸다.

●TIP

닭은 지방이 섞여 있는 닭다리살을 사용하는 것이 맛과 식감이 좋다. 그리고 양념을 할 때에는 반드시 손으로 힘차게 주물러 양념을 해야 닭에 간이 배어서 훨씬 맛이 좋다. 양념을 한 상태에서 냉장고에 숙성시키면 더욱 좋다.

우엉 참깨 무침

재료
우엉 1대, 간 참깨 2큰술, 간장 1/2큰술, 마요네즈 2큰술

만드는 법
1 우엉은 칼등으로 긁어 껍질을 벗긴 후, 냄비에 들어갈 정도로 잘라 7~8분 삶아 낸다.
2 삶아 낸 우엉은 방망이나 빈 병으로 돌려 가면서 두들긴다. 그런 후에 그것을 손으로 찢거나 칼을 이용해 3cm 폭으로 썬다.
3 2의 우엉은 볼에 담아 모든 조미료를 넣고 골고루 버무려 낸다.

●TIP
우엉은 칼로 자르는 것보다 방망이로 두들겨 손으로 찢는 것이 훨씬 양념이 잘 배이고 식감도 좋다. 참깨는 사용하기 직전에 갈면 더욱 풍부한 풍미를 즐길 수 있다.

맑은 무국

재료

무 1/3개, 당근 1/3개, 육수용 멸치 7~8마리, 다시마 1장, 물 6컵, 소금 1/3큰술, 국간장 1큰술, 후추 약간, 쪽파 2~3개

만드는 법

1 멸치는 내장을 깨끗하게 손질한 후에 찬물에 다시마와 함께 넣고 7~8분간 끓여 육수를 우려낸다.
2 무와 당근은 얇게 썰어서 귀여운 모양찍기 틀로 모양을 찍어 준비한다.
3 1의 육수에 썰어 놓은 무와 당근을 넣고 끓이다가 무가 투명해지면 소금, 간장, 후추를 넣고 간을 맞춘 후에 불을 끈다.
4 3을 그릇에 담고 송송 썬 쪽파를 뿌려 내간다.

●TIP

멸치는 육수를 내기 전에 내장을 떼어 내고 머리도 색이 누렇게 변했다면 미련없이 떼어 내도록 하자. 멸치 육수는 찬물에서 함께 넣고 우려야 비린내가 나지 않는다. 또한 반드시 뚜껑을 열고 끓이도록 한다. 뚜껑을 닫고 끓이게 되면 증발되어야 하는 비린내가 냄비 안에 갇혀 다시 육수에 배이게 되기 때문이다.

편식하지 않는 아이는 착한 아이?

일주일에 한 번씩 아이들과 함께하는 마마스 쿡이나 일주일에 두 번 싸는 아이 도시락에 대해 포스팅를 하면 많은 질문을 받는다. 그중에서 가장 많이 받는 질문이 "아이들이 이 채소들을 정말 먹나요?"다. 혹자는 사진을 보기 좋게 하기 위한 눈요깃감이 아니냐며 의심의 눈초리를 보내기도 한다.

하지만 참 감사하게도 우리 집 큰딸, 작은딸, 심지어 돌도 되지 않은 막내딸까지 모두 채소를 강요하지 않아도 본인 스스로 맛있게 잘 먹는다. 그렇다고 채소를 잘게 다진다든가 맛을 강하게 해서 먹이는 것도 아니다. 아이들이 가장 좋아하는 채소는 소스나 드레싱이 첨가되지 않은 데친 브로콜리와 아스파라거스, (아이들이 보통 질색하는) 데친 당근이나 생오이, 토마토, 피망 등이다. 심지어는 어른들도 호불호가 갈리는 셀러리나 버섯, 머위 같은 채소도 정말정말 잘 먹는다.

그런데 재미있는 건, 그렇게 뭐든지 잘 먹는 우리 집 아이들도 채소를 입에 대지도 않는 '날'이 있다는 사실이다. 브로콜리 한 송이를 다 데쳐 줘도 모자라서 서로 싸우는 날이 있는가 하면 접시에 고작 한두 개 올라간 것도 안 먹는 날이 있다.

그럴 때는 두말없이 남기면 남긴 대로 식사가 끝나자마자 채소를 바로 치워 버린다. 남긴 채소에 대해 아쉬움이나 불만을 나타내면서 "채소를 먹어야 건강하지!" "채소를 남기면 못 써!"

"편식은 정말 창피한 일이야!" 등의 말들로 아이를 질책하지 말자.

아이들이 처음 접하는 채소나 과일에 대해 느끼는 공포는 낯선 성인 남성과 갑작스럽게 맞닥뜨렸을 때와 같은 강도라고 한다. 그리고 그 아이들이 한 가지 식품에 대한 거부감이 사라지기까지는 20~30번의 반복적인 접촉이 필요하다고 한다. 그 앞에서 부모가 맛있게 먹으면서 아이를 안심시키고 다양한 조리법으로 익숙하게 하여 '경계'를 풀어 주다 보면 언젠가는 권하지 않아도 아이 스스로가 손을 뻗는 날이 반드시 올 것이다.

아이가 도전에 성공했을 때는 과하게 칭찬하기보다는 그저 마주보며 "이거 참 맛있다, 그치?"라며 한껏 웃어 주는 것으로 충분하다.

3시의 간식

Special Corner 1

따끈따끈한 엄마의 사랑을 담은
고구마팬케이크

재료(5장분)

고구마 1개 (300g)
핫케이크가루 100g
우유 200cc
건포도 4큰술
슬라이스 아몬드 2큰술
달걀 1개

만드는 법

1 고구마를 찌거나 삶고 그중에서 2/3 분량을 포크 등을 이용해 골고루 으깨 준다.

2 으깬 고구마에 우유를 넣어 온도를 낮춘 후, 달걀을 넣고 골고루 섞는다. 그리고 이어 핫케이크 가루를 넣고 덩어리가 남지 않게 잘 섞어 준다.

3 남은 고구마 1/3은 작게 깍둑썰기하여 건포도와 함께 2의 반죽에 넣고 섞는다.

4 기름을 두르지 않은 프라이팬에서 가장 약한 불을 이용해 앞뒤로 노릇하게 구워 핫케이크 시럽을 곁들여 낸다.

●아이와 이렇게 즐겨요 ♫

삶은 고구마 껍질을 벗겨 볼에 담아 주고 아이에게 포크로 으깨는 작업을 부탁해 본다. 칼을 사용할 수 있는 연령이라면 고구마를 깍둑썰게 해도 좋다. 반죽 섞기나 프라이팬에서 반죽을 한 국자 뜨게 하는 것도 추천. 불을 사용하는 작업 이외에는 아이의 발달 정도에 따라 다양한 경험을 할 수 있게 지도한다.

초콜릿과 바나나의 환상 궁합

초코 바나나 크레이프

재료(4장분)

박력분 75g
달걀 1개
우유 150cc
생크림 3큰술
설탕 1/2큰술
버터 1큰술
바나나 2개
초콜릿시럽
휘핑한 생크림
판초콜릿이나 슬라이스 아몬드 등

만드는 법

1 볼에 달걀을 깨 넣고 설탕과 우유, 생크림을 넣은 후 골고루 섞어 준다.

2 체에서 곱게 내린 박력분을 넣고 천천히 섞어 준다. 이때 마구 휘젓지 않도록 주의한다.

3 버터를 두른 프라이팬에 실온에서 30분 정도 숙성시킨 반죽을 한 국자씩 떠서 얇게 앞뒤로 부쳐 낸다.

4 부쳐 낸 크레이프는 열기를 완전하게 식힌다. 자른 바나나와 휘핑크림을 올리고 초콜릿시럽을 그 위에 적당히 뿌린다. 숟가락 등으로 긁어 낸 판초콜릿이나 슬라이스 아몬드 등도 토핑한다.

재료는 딱 3가지!

비지 도넛

재료(6~7개분)

비지 200g
핫케이크 가루 200g
우유 200cc
취향에 따라 설탕 또는 파우더 슈거

만드는 법

1 튼튼한 포리백에 모든 재료를 넣고 주물러서 잘 섞어 준다.
2 포리백 모서리를 잘라 짤주머니처럼 구멍을 만든다.
3 기름을 두른 프라이팬에 반죽을 적당량씩 짜내고 그것을 노릇하게 튀겨 낸다.
4 취향에 따라 설탕이나 파우더 슈거를 뿌린다.

●아이와 이렇게 즐겨요 ♫

준비한 포리백에 모든 재료를 넣고 아이와 함께 주무르며 반죽을 한다. 기름에서 튀기기 때문에 자칫 부주의하다가는 큰 사고로 이어질 수 있다. 도넛을 튀기기 전에 반드시 아이에게 왜 튀김을 할 때 주의해야하는지, 데이면 얼마나 아픈지 등을 자세히 숙지시키도록 한다. 다 튀겨진 도넛에 파우더 슈거를 뿌리는 작업은 아이에게 맡겨 보자.

포근한 엄마의 맛

푸딩

재료(코콧트 4개분)

전란 1개
달걀노른자 2개
설탕 2큰술
우유 1컵반
바닐라 에센스 5~6방울

〈캐러멜 소스〉
설탕 40g
물 적당량

만드는 법

1 작은 냄비에 설탕과 그것이 살짝 잠길 정도의 물을 넣고 약불에서 천천히 녹여 캐러멜 시럽을 만들어 둔다.

2 볼에 달걀노른자를 넣고 거품기로 잘 푼 후, 준비한 설탕의 1/2분량을 넣고 잘 섞는다.

3 냄비에 우유와 바닐라빈, 남은 설탕 1/2을 넣고 데운다.

4 우유를 끓기 직전까지 데우고 그것을 살짝 식힌 후에 1과 골고루 섞어서 고운체로 걸러 낸다.

5 가열 가능한 그릇에 만들어 둔 캐러멜 시럽을 1큰술 정도 넣고 3의 푸딩액을 80% 정도 부어 준다.

6 각각 쿠킹 호일로 뚜껑을 덮은 후에 프라이팬에 약 2cm 정도 물을 채우고 4의 그릇들을 담는다.

7 뚜껑을 덮고 중불에서 10분 정도 가열하다가 약불로 불을 줄여 3분 정도 더 찐다.

8 호일을 열고 그릇을 흔들었을 때 푸딩이 탄력 있게 잘 흔들리면 완성된 것이다.

9 냉장고에서 차게 식혀 낸다.

달작지근 일본식 꼬치 경단
당고

재료(6개분)

찹쌀가루 120g (60g씩 나누어 계량)
쑥가루 1큰술
소금 1/2 작은술 (각각 1/4 작은술)
물 1/2컵 (각각 50cc씩)

〈미다라시 소스〉
설탕 3큰술
물 4큰술
미림 1/2큰술
진간장 1작은술
전분 1작은술

팥빙수용 팥 100g

만드는 법

1 흰 반죽과 쑥 반죽으로 만들 수 있도록 찹쌀가루를 반으로 나누어 각각 소금과 물을 넣고 잘 치댄다.
2 반죽이 다 되면 각각 12개씩 둥글게 만든다.
3 뜨거운 물에 반죽을 넣고 삶다가 물 위로 당고가 떠오르면 건져 내 찬물에 담근다.
4 나무 꼬치 1개당 4개의 당고를 꽂은 후, 그것을 프라이팬에 올리고 중불 정도에서 앞뒤로 구워 준다.
5 흰 당고에는 미다라시 소스를 뿌리고, 쑥 당고에는 팥빙수용 팥을 듬뿍 올려 낸다.

●**아이와 이렇게 즐겨요 ♬**

아이들의 두뇌 발달에 좋은 반죽 놀이를 할 수 있는 메뉴다. 아이들에게 반죽 재료를 계량하여 주고 반죽을 부탁한다. 반죽이 끝났으면 부모가 일정한 크기로 분할을 하고 아이들이 동그랗게 굴려 모양을 만든다. 부모가 당고를 삶아 내면 아이들이 꼬치에 꽂는다. 다시 부모가 굽고 아이들이 소스와 팥을 올려 낸다. 아이들에게는 만드는 과정이 가장 즐거운 메뉴다.

참깨 경단

재료

찹쌀가루 100g
물 1/3컵
설탕 1작은술
소금 약간
팥앙금 100g
호두 30g
참기름 1작은술
참깨 5~6큰술

만드는 법

1 찹쌀가루는 소금, 설탕을 넣고 물을 조금씩 부어
가면서 찰지게 반죽을 한다.

2 호두는 잘게 부수어서 팥앙금에 참기름과 함께
넣고 골고루 섞는다. 그것을 6덩어리로 나누어
둥글려 둔다.

3 반죽을 한 찹쌀가루는 6등분으로 나누어 넓게
펼친다. 그것에 2의 팥덩어리를 넣고 잘 여며 동
그랗게 모양을 잡은 후, 참깨가 담긴 그릇에 바로
담아 참깨를 골고루 입힌다.

4 175도 정도의 기름에서 약 7~8분 정도 튀기는
데 골고루 튀기기 위해서는 젓가락으로 살살 굴
려 가면서 튀겨야 한다. 경단에 균열이 생기기 시
작하면 꺼낸다.

●아이와 이렇게 즐겨요 ♫

부모가 볼에 반죽을 계량해 주면 아이들이 주물
러 반죽을 하고 부모가 반죽과 팥을 분할해 주면
아이들이 동그랗게 모양을 잡을 수 있도록 지도
한다. 반죽에 팥을 싸는 것은 부모가 하고 참깨
를 입히는 작업은 아이가 한다. 경단을 튀겨 내
고 여분의 기름기를 뺀 후에 그것을 그릇에 담는
일은 아이에게 부탁한다.

우유갑으로 만드는
채소찜케이크

재료

핫케이크 가루 150g
달걀 1개
우유 1/2컵(100cc)
피망 반개
양파 1/4개
샌드위치용 햄 3장
스위트콘 2큰술

만드는 법

1 피망과 양파, 샌드위치용 햄은 잘게 다져 준비한다.

2 볼에 먼저 달걀과 우유를 넣고 한데 섞은 후에 이어 핫케이크 가루를 넣어 덩어리 없이 잘 섞어 준다.

3 2에 1의 재료와 스위트콘을 넣고 가볍게 섞어 준다.

4 1000cc 빈 우유갑을 가로로 눕혀 윗부분을 잘라 낸다. 거기에 3의 반죽을 넣고 찜기에서 약 8분 정도 쪄 낸다.

5 꼬치로 바닥까지 찔러 보아 반죽이 묻어 나오지 않으면 찜기에서 꺼낸다. 잔열을 식힌 후, 우유갑에서 채소찜케이크를 꺼내 적당한 크기로 잘라 케첩과 함께 낸다.

●아이와 이렇게 즐겨요 ♬

칼을 사용할 수 있는 연령이면 모든 재료를 함께 썰어 준비한다. 볼에 달걀을 깨 넣고 푸는 작업을 아이에게 부탁한다. 나머지 반죽 작업은 마구 휘 젓지 말고 부모가 천천히 섞어 준다. 우유갑에 반죽을 붓는 작업은 아이와 함께 볼을 들어 부어 본다. 찜기에 넣고 충분히 쪄진 케이크는 꼬치로 바닥을 찔러 보게 한다. 이 작업은 찜통에 열기가 완전하게 빠진 후나 찜기에서 꺼내서 하도록 한다. 뜨거운 스팀에 손이 데일 수 있기 때문이다.

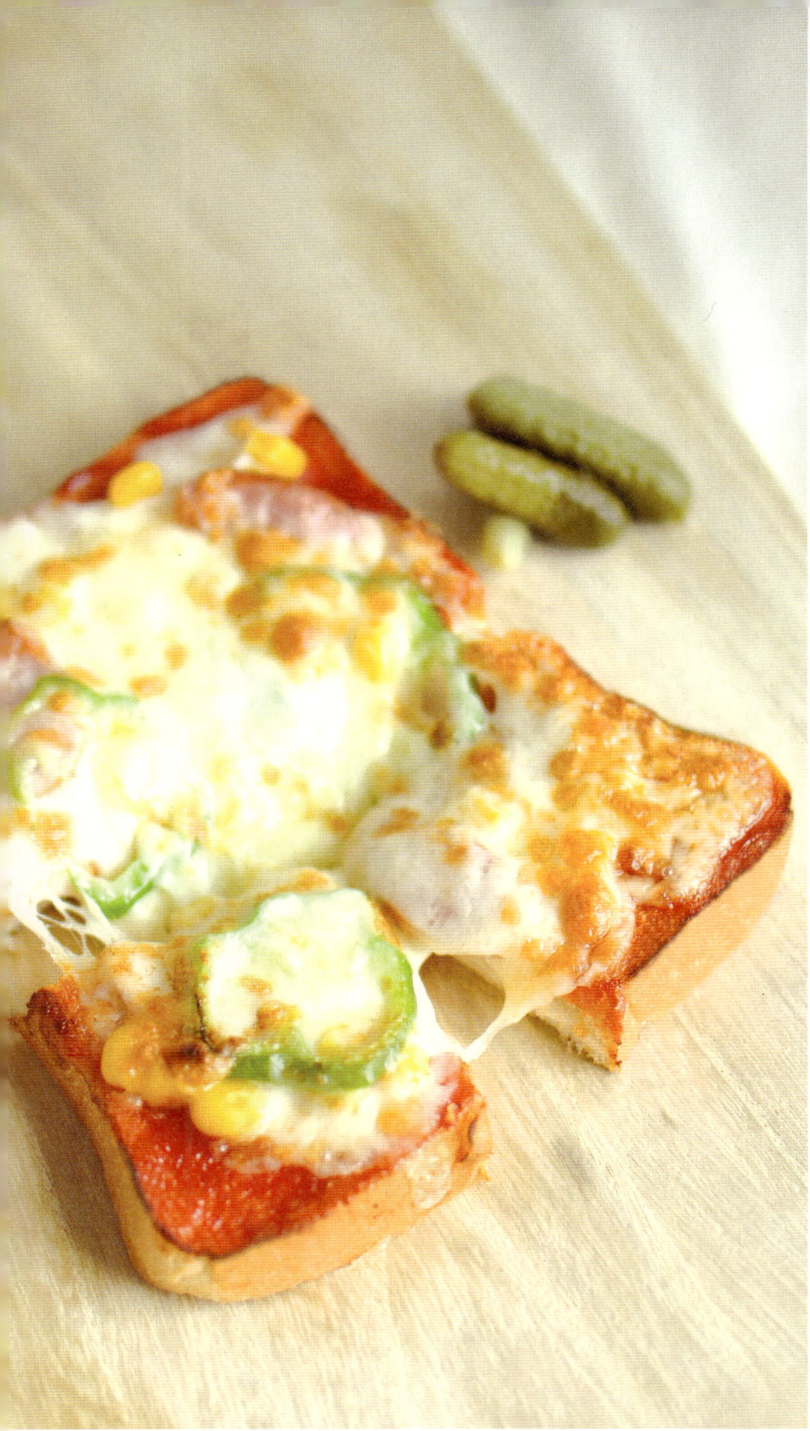

피자집 피자보다 맛있어요!

피자토스트

재료

식빵 2장
스위트콘 2큰술
소시지 1개
피망 1/2개
케첩 1큰술
피자 치즈 2큰술
후레쉬 모짜렐라 치즈 적당량

만드는 법

1 소시지는 얇게 어슷 썰기하고 피망은 얇게 가로 썰기한다.
2 피자에 케첩을 골고루 펴 바르고 스위트콘, 소시지, 피망 순으로 토핑을 올린다.
3 피자치즈와 작게 자른 후레쉬 모짜렐라 치즈를 골고루 덮은 후, 오븐 토스터에서 2~3분 치즈가 노릇해질 정도로 구워 낸다.

●아이와 이렇게 즐겨요 ♫

아이가 칼을 사용해 소시지와 피망을 최대한 얇게 썰어 보게 한다. 여러 감각들을 자극하고 집중력을 향상시키는데 도움이 된다. 식빵에 케첩을 바르거나 토핑을 얹게 한다. 오븐 토스터에 모든 재료를 집어 넣고 함께 치즈가 어떻게 구워지는지 이야기하면서 기다린다. 다 구워진 토스트는 부모가 꺼내 접시에 담아 준다.

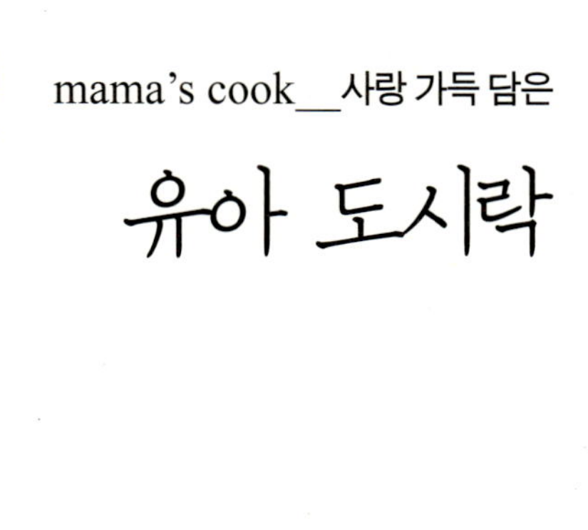

mama's cook__사랑 가득 담은

유아 도시락

Special Corner II

● 깜찍이 주먹밥

밥 1/2공기, 소금 약간, 구운 김(전장) 1/2장

1 뜨거운 밥에 소금을 넣고 골고루 섞어 타원형으로 모양을 낸다.
2 김을 잘라 옷을 입히고 김펀치를 이용해 눈과 입을 만들어 준다. 그리고 귀여운 피크를 꽂아 모자를 씌운다.

● 치즈 돈카츠

얇게 썬 돼지고기 100g, 피자치즈 2큰술, 달걀 1알, 밀가루 1큰술, 빵가루 3큰술, 소금, 후추 각각 약간

1 얇게 썬 돼지고기는 소금, 후추로 약하게 밑간을 한 후에 피자치즈를 1큰술 길게 늘어 올려 돌돌 만다.
2 달걀을 잘 풀어서 1의 고기를 달걀물, 밀가루, 빵가루 순으로 옷을 입힌다.
3 2를 175도의 기름에서 노릇하게 튀겨 낸 후, 여분의 기름을 살짝 빼 주고 돈카츠 소스를 발라 어슷썰기해 준다.

● 감자 샐러드

감자 1/4개, 당근 약간, 완두콩 2~3알, 마요네즈 1/2큰술, 후추 약간

1 감자는 1cm×1cm 크기로 자르고 당근은 좀 더 작게 자른다.
2 끓는 물에 감자와 당근, 완두콩을 넣고 삶아 낸다.
3 2가 완전히 삶아졌으면 꺼내 식힌 후에 마요네즈와 후추를 넣고 골고루 버무린다.

● 햄꽃

샌드위치 햄 2장

— 샌드위치 햄을 반으로 살짝 접고 그 부분을 가늘게 칼집을 낸다. 그런 후에 둥글게 2장을 이어 말아 볼륨을 살린다.

● 오이 즉석 절임

오이 1/2개, 다시마 다시 1/2컵, 식초 1/4컵, 소금 1/3작은술, 설탕 약간

1 다시마 다시에 모든 조미료를 넣고 골고루 섞어 절임액을 만든다.
2 오이는 세로로 4등분하고 5cm 폭으로 잘라 준비한다.
3 위생팩에 자른 오이를 담고 1의 절임액을 붓는다. 입구를 단단히 잡고 손으로 골고루 주무른 후에 냉장고에서 차게 식힌다.

담기

도시락의 정중앙에 주먹밥을 담고 양옆에는 치즈 돈카츠를 세워 담는다. 한쪽 빈 곳에는 체에 받쳐 물기를 뺀 오이 즉석 절임을 비스듬히 세워 담고 그 옆에는 쿠킹컵을 이용해 둥글게 만든 감자샐러드를 담아 준다. 남은 공간에는 햄꽃을 꽂아 마무리한다.

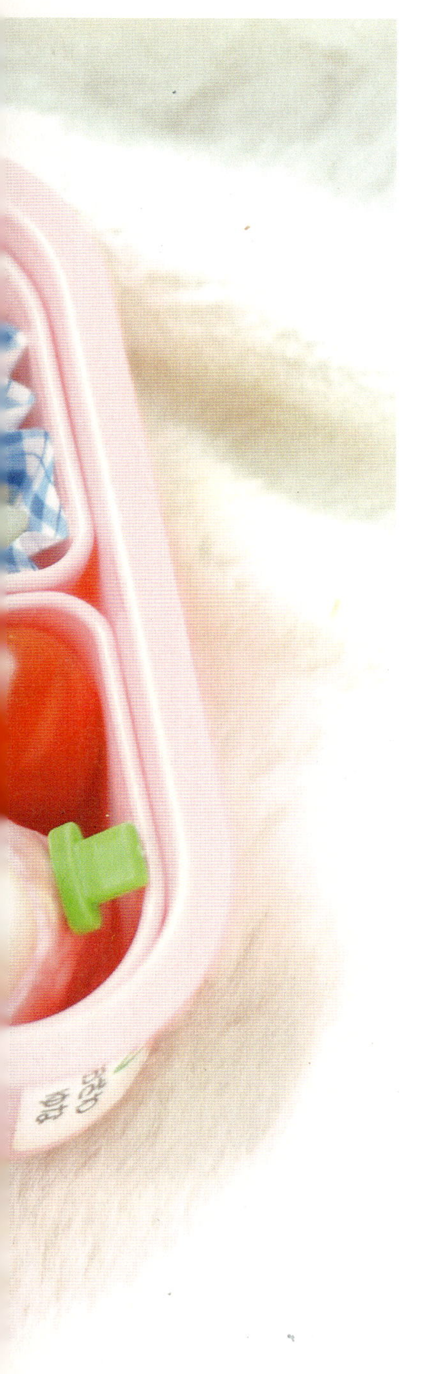

치킨라이스

따뜻한 밥 1/2공기, 닭다리살 30g, 달걀 1알, 양파 1/8개, 케첩 1큰술, 완두콩 5~6알, 피망 1/4개, 후추 약간, 당근 약간

1 닭다리살은 여분의 지방과 껍질을 떼어 내어 작게 자르고 양파도 잘게 썰어 둔다.
2 당근은 얇게 썰고 피망도 속을 깨끗하게 도려내 끓는 물에 1~2분 삶아 체에 받쳐 식힌다. 그리고 모양찍기를 이용해 하트 모양을 여러 개 찍는다.
3 달걀은 잘 풀어 기름을 살짝 두른 프라이팬에 한 번에 붓고 젓가락으로 재빠르게 휘저어 스크램블한다.
4 달걀을 따로 덜어 내고 프라이팬에 다진 양파와 닭고기를 넣고 볶는다. 닭고기가 완전하게 익었으면 케첩과 후추를 넣고 다시 한 번 볶아 준다.
5 4에 따뜻한 밥을 넣고 골고루 섞어 가면서 볶아 준다. 밥이 다 볶아졌으면 도시락통에 바로 담는다.
6 밥 위에 스크램블한 달걀을 올려 절반을 덮고 데친 당근, 피망 완두콩을 보기 좋게 올려 준다.

메추리알 핑크 모자

메추리알 2개, 샌드위치용 햄 1/2장, 구운 김 약간

— 메추리알은 삶아서 껍질을 벗긴 후에 길게 자른 샌드위치용 햄을 둘러 귀여운 피크로 고정시킨다. 김으로는 눈과 입을 만들어 붙인다.

유부 버섯 볶음

유부 1/4장, 만가닥 버섯 한 줌, 참기름 1작은술, 소금 약간, 후추 약간

1 유부는 끓는 물에 살짝 데쳐서 여분의 기름기를 빼낸 후, 손으로 물기를 꼭 짜서 가늘게 채를 썰어 둔다. 버섯은 손으로 찢어 둔다.
2 프라이팬에 참기름을 두르고 버섯과 유부를 넣고 볶는다. 버섯이 한 숨 죽으면 소금, 후추를 넣고 간을 한다.

담기

도시락통 한쪽에 치킨라이스를 올린다. 그리고 그 옆에 메추리알 핑크 모자와 유부 버섯볶음을 담고 빈 곳에는 피망과 당근, 완두콩 등을 메우듯이 담는다.

오이 김초밥과
곰돌이 너겟 도시락

● 오이 김초밥

오이 1/4개(세로썰기 한 것), 맛살 1개(긴 것),
김밥용 김 1장, 따뜻한 밥 1/2공기
〈3배초〉
식초 1큰술, 설탕 1작은술, 소금 1/3작은술

1 오이는 세로로 길게 4등분하여 자르고
  맛살과 함께 준비한다.
2 밥은 뜨거울 때, 촛물을 붓고 부채로 부
  쳐 가며 한데 뭉치지 않게 골고루 섞는
  다. 김발에 김을 깔고 2의 초밥을 2/3 정
  도 얇게 펴서 올린다.
3 자른 오이와 맛살을 가운데 올리고 김을
  단단히 말은 후에 먹기 좋은 크기로 자
  른다.

● 곰돌이 너겟

다진 닭고기 100g, 전분 1작은술, 달걀 흰자
위 2큰술, 소금 약간, 후추 약간

1 다진 닭고기에 모든 재료를 넣고 골고루
  섞어 치댄다.
2 곰돌이 모양틀을 이용해서 모양을 만들
  고 그것을 달군 기름에 조심히 흘려 넣
  어 노릇하게 튀겨 낸다.

● 감자 베이컨 볶음

감자 1/2개, 베이컨 1장, 소금 약간, 후추 약간

1 감자는 가늘게 채를 썰어 찬물에 담가
  전분을 빼 준다.
2 베이컨은 체에 올리고 뜨거운 물을 부어
  여분의 첨가물과 염분, 지방을 제거한
  후에 가늘게 채 썬다.
3 프라이팬에 식용유를 두르고 1의 감자
  를 볶는다. 감자가 투명하게 익으면 자
  른 베이컨을 넣고 조금 더 볶아 준다.

● 데친 당근과 브로콜리

당근 1/4개, 브로콜리 적당량

1 당근은 세로로 가늘게 썰어 각을 둥글게
  도려내고 브로콜리는 한입 크기로 자른
  다.
2 소금을 약간 넣은 끓는 물에 당근을 넣
  고 3분 정도 데치다가 브로콜리를 함께
  넣는다. 그것을 1~2분 더 데친 후 체에
  받쳐 물기를 빼 둔다.

● 담기

김초밥은 자른 면이 보이도록 먼저
자리를 잡고 베이킹컵에 감자 베이
컨 볶음을 담는다. 그다음에 너겟
을 담고 빈 곳에 데친 브로콜리와
당근, 단무지 등으로 틈을 메우듯
이 담는다.

샐러드 초밥

따뜻한 밥 1/2공기, 오이 1/4개, 스위트콘 1
큰술, 붉은 파프리카 1개, 슬라이스 치즈 1장

〈3배초〉
식초 2큰술, 설탕 1/2작은술, 소금 1/5작은술

1 오이는 작게 썰고 스위트콘은 체에 받
  쳐 물에 깨끗하게 헹구어 둔다. 붉은 파
  프리카는 하트 모양 찍기를 이용해 작은
  하트를 여러 개 만들어 둔다.
2 3배초를 만들어 그것을 따뜻한 밥에 한
  번에 붓는다. 뭉치거나 질어지지 않도록
  부채로 부쳐 가면서 골고루 섞는다.
3 2의 초밥이 포슬포슬하게 완성되었으면
  1의 준비한 모든 재료를 넣고 골고루 섞
  은 후에 도시락통에 담는다.
4 파프리카 하트 몇 개는 위로 보이게 올
  리고 나비 모양의 치즈를 한 조각 올려
  꽃밭을 표현한다.

생선카츠

흰살 생선포 1장, 달걀 1개, 빵가루 2큰술, 밀
가루 1큰술, 소금과 후추 각각 약간

1 흰살 생선포는 소금과 후추를 뿌려 밑간
  을 한 후에 밀가루, 달걀물, 빵가루 순으
  로 옷을 입힌다.
2 175도 정도의 기름에서 노릇하게 튀겨
  낸 후에 키친페이퍼 위에 올려 여분의
  기름을 빼 둔다.

대파 달걀말이

대파 3cm, 달걀 1개, 소금 약간

1 대파는 잘게 다져 소금과 함께 잘 푼 달
  걀물에 잘 섞는다.
2 프라이팬에 식용유를 약간 두르고 달군
  후에 1의 달걀물을 조금씩 부어 가면서
  바깥에서 안쪽으로 말아 부쳐 낸다.
3 완전히 한 김 식힌 후에 적당한 크기로
  자른다.

데친 브로콜리와 당근

브로콜리 1조각, 당근 약간

1 브로콜리는 한입 크기로 자르고 당근은
  세로로 썰어 둥글게 각을 깎아 낸다.
2 소금을 넣고 끓는 물에 당근을 4~5분
  삶다가 자른 브로콜리를 넣고 1분 정도
  더 데친다. 그것을 체에서 건져 물기를
  완전하게 빼 둔다.

담기

샐러드 초밥을 버무려 바로 도시락
통에 담아 위치를 잡고 나비 모양
의 치즈를 올려 준다. 반으로 자른
생선카츠는 세워 피크를 꽂아 담고
자른 달걀말이는 베이킹컵을 이용
해 담는다. 그리고 틈새는 데친 브
로콜리와 당근, 방울토마토를 촘촘
히 담아 완성한다.

내 친구 곰순이 도시락

곰순이 연어 주먹밥

구이용 연어 1조각, 따뜻한 밥 1/2공기, 메추리알 2개, 슬라이스 치즈 약간, 케첩, 구운 김 약간

1 연어는 노릇하게 구워서 가시를 제거하고 살은 포크를 이용해 잘게 다진다. 따뜻한 밥에 그것을 골고루 섞어 곰돌이 모양의 주먹밥 틀에 넣거나 랩에 말아 뭉쳐서 모양을 만든다.
2 삶은 메추리알 1/4 정도를 잘라 곰돌이 입 부분을 만들고 구운 김을 잘라 눈과 입을 만든다.
3 슬라이스 치즈로 꽃모양을 찍어 곰돌이 귀에 올려 주고 케첩으로 포인트를 준다.

소고기 양념구이

구이용 소고기 3~4장, 간장 1큰술, 설탕 1/2작은술, 간 양파 1작은술, 참기름 1작은술, 후추, 참깨 약간

1 조미료를 모두 섞어 양념장을 만들어 둔다.
2 구이용 소고기는 실온에서 내놓아 온도를 떨어트려 부드러워질 때까지 둔다.
3 김이 날 정도로 뜨겁게 달군 프라이팬에 2의 고기를 올려 2~3분 정도 굽다가 뒤집어서 1분을 더 굽는다.
4 고기가 다 구워졌으면 1의 양념장을 한 번에 가볍게 조린다.

고구마 맛탕

고구마 1/4개, 설탕 1작은술, 흑임자 약간

1 고구마는 아이들의 한입 크기로 잘라서 기름을 넣은 프라이팬에 노릇하게 튀겨 낸다.
2 튀겨 낸 고구마는 키친페이퍼에 올려 여분의 기름을 뺀다.
3 다른 프라이팬에 설탕을 넣고 고구마를 튀긴 기름 1작은술을 넣고 약불에서 설탕을 완전하게 녹인다.
4 설탕이 녹았으면 튀긴 고구마를 3에 넣고 재빨리 버무리다가 흑임자를 넣고 다시 한 번 골고루 섞어 준다.

데친 그린 아스파라거스와 당근

그린 아스파라거스 2대, 당근 약간

1 당근은 세로로 길고 가늘게 썰어 둘레를 둥글게 깎아 내고 그린 아스파라거스는 폭 5cm 정도로 잘라 준비한다.
2 끓는 물에 소금을 1작은술 정도 넣고 당근을 5~6분 정도 삶다가 그린 아스파라거스를 빼고 1분 30초 정도 데친다. 그것을 체로 건져 물기를 완전하게 빼 준다.

담기

도시락통에 곰돌이 주먹밥을 넣고 베이킹컵을 이용해 소고기구이와 고구마 맛탕을 담는다. 주먹밥 주변 틈새는 데친 당근과 그린 아스파라거스로 메운다.

메추리알 장조림

메추리알 5개, 다시마 다시 1/2컵, 간장 2큰술, 설탕 1작은술

1 메추리알은 삶아서 껍질을 벗긴다. 그리고 모든 재료와 함께 냄비에 넣고 중불에서 은근히 조린다.
2 조림장의 양이 절반 정도로 줄었을 때 불을 끈다.

소고기 햄버그스테이크

다진 소고기 50g, 다진 양파 2큰술, 빵가루 1/2큰술, 우유 1/2큰술, 소금 1/4작은술, 후추 약간

1 프라이팬에 식용유를 두르고 다진 양파를 넣어 중약불에서 천천히 갈색이 돌 때까지 볶은 후에 식혀 둔다.
2 빵가루는 우유에 불려서 볼에 다진 소고기와 볶은 양파, 소금, 후추를 넣고 골고루 치댄다.
3 아이들이 먹기 좋은 크기로 둥글넓적하게 잘라 프라이팬에서 앞뒤로 굽다가 물을 2~3큰술 넣고 뚜껑을 덮어 속까지 확실하게 익힌다.
4 물이 모두 졸아들었으면 뚜껑을 열고 표면을 살짝 더 구워 준다.

찐 단호박

단호박

— 단호박을 먹기 좋은 크기로 잘라 김이 오른 찜통에서 5~6분 푹 쪄 낸다.

치즈콘

스위트콘 2큰술, 피자치즈 약간

1 스위트콘은 체에 받쳐 물로 한 번 헹군 후에 물기를 완전하게 빼 둔다.
2 은박컵에 1을 담고 그 위에 피자치즈를 올려 그릴이나 오븐 토스터에서 치즈가 노릇해질 정도로 구워 낸다.

데친 브로콜리와 당근

브로콜리 1조각, 당근 약간

1 브로콜리는 한입 크기로 자르고 당근은 세로로 썰어 둥글게 각을 깎아 낸다.
2 끓는 물에 소금을 넣고 당근을 4~5분 삶다가 자른 브로콜리를 넣고 1분 정도 더 데친다. 그것을 체에 건져 물기를 완전하게 빼 둔다.

담기

따뜻한 밥 1/2공기에 장조림 간장 1큰술을 넣고 골고루 섞어 도시락 통에 담는다. 중간에 조린 메추리알 장조림을 찔러 넣어 주고 그 위에 약간의 김 가루나 후리카케를 뿌린다. 귀여운 모양의 찐어묵(카마보코)이 있다면 한 조각 올려 포인트를 준다. 그리고 햄버그스테이크를 비스듬히 담아 자리를 잡고 옆에 데친 브로콜리와 당근을 담는다. 은박컵에는 치즈콘을 담고 그 옆 베이킹컵에는 찐 단호박을 담는다.

활짝 핀
꽃주먹밥 도시락

미역 매실 꽃 주먹밥

따뜻한 밥 1/2공기, 마른 미역 1작은술, 다진
매실 장아찌 1작은술, 슬라이스 치즈, 소금
1/4작은술

1 밥이 따뜻할 때, 소금과 잘게 부순 마른
   미역, 다진 매실 장아찌를 넣고 골고루
   섞는다.
2 밥은 반으로 나누어 랩에 올려 둥글넓적
   하게 모양을 만든 후, 랩 위로 고무줄을
   단단히 감아 절개선을 넣어 꽃모양을 만
   든다.
3 슬라이스 치즈는 둥글게 찍어 올려 꽃술
   을 표현한다.

카레맛 카라아게

닭허벅지살 100g, 다진 생강 1작은술, 카레
가루 2작은술, 청주 1작은술, 소금 1/4작은술
간장 1작은술, 밀가루 1큰술, 후추 약간, 달걀
흰자 1/3개분

1 닭허벅지살은 여분의 지방과 껍질을 제
   거한 후에 먹기 좋은 크기로 자른다.
2 1을 볼에 담고 거기에 다진 생강, 카레가
   루, 청주, 소금, 후추, 간장을 넣은 후 손
   으로 힘차게 주물러 간이 배이게 한다.
3 2에 밀가루와 달걀 흰자를 넣고 다시 힘
   차게 주무른 후에 튀김옷을 입힌다.
4 175도까지 뜨겁게 오른 기름에 3을 한
   조각씩 넣고 노릇하게 튀겨 낸다.

줄기콩 참깨 무침

줄기콩 2~3개, 간 참깨 1작은술, 소금 약간
간장 1작은술, 참기름 1작은술

1 줄기콩은 소금을 약간 넣은 끓는 물에서
   3분 정도 데치다 체로 건져 내 물기를
   완전히 뺀 후 4~5cm 길이로 잘라 준다.
2 참깨를 제외한 모든 조미료를 볼에 넣고
   골고루 섞는다. 거기에 자른 줄기콩을 넣
   고 버무린 후에 양념이 골고루 배였으면
   간 참깨를 넣고 다시 한 번 골고루 버무
   린다.

우엉 조림

우엉 1/2대, 당근 약간, 간장 2큰술, 설탕 1작
은술, 미림 2큰술, 참기름 1작은술, 참깨 약간

1 우엉은 칼등으로 긁어 껍질을 벗기고 체
   에 받쳐 물기를 빼 둔다. 가늘게 썰어 찬
   물에 5분 정도 담가 둔다.
2 당근도 우엉과 크기를 맞추어 가늘게 썰
   어둔다.
3 기름을 약간 두른 프라이팬에 우엉과 당
   근을 넣고 볶다가 그것들이 익었으면 참
   기름을 제외한 모든 조미료를 넣고 뭉근
   하게 조린다.
4 조림장이 거의 졸아들었으면 불을 끄고
   참기름과 참깨를 넣고 골고루 버무린다.

담기

도시락통에 상추나 샐러드를 깔고
꽃주먹밥을 보기 좋게 담는다. 가
장 먼저 카레 카라아게를 담고 베
이킹컵을 이용해 우엉조림을 담는
다. 도시락의 빈 틈에는 줄기콩 참
깨 무침과 오이 즉석 절임을 담아
완성한다.

영양 만점!
보물 상자 도시락

미니 삼각 명란 주먹밥

따뜻한 밥 1/2공기, 명란젓 1/2조각, 구운 김 약간, 소금 약간

1 명란은 그릴이나 기름을 두르지 않은 프라이팬에서 노릇하게 구워 낸 후에 작게 잘라 준비한다.
2 밥은 따뜻할 때, 소금을 넣고 골고루 섞은 후에 반으로 나눈다. 거기에 1의 구운 명란을 넣고 삼각형으로 뭉쳐 낸다.
3 구운 김을 잘라 아랫부분에 둘러 준다.

아스파라거스 베이컨 말이

베이컨 2장, 그린 아스파라거스 2대

1 그린 아스파라거스는 5cm 폭으로 잘라 소금을 약간 넣은 끓는 물에서 2~3분 정도 데친 후, 체에 받쳐 건져 둔다.
2 반으로 자른 베이컨 위에 데친 아스파라거스를 1개 올린다. 그것을 둥글게 말아 이쑤시개로 이음새 부분을 찔러 끼워 프라이팬에서 살짝 구워 낸다.

미니 김 달걀말이

달걀 1개, 구운 김 1/2장, 소금 약간

1 달걀은 소금을 넣고 잘 풀어서 프라이팬에 한번에 부어 지단을 부치듯이 굴린다. 그리고 달걀이 익기 전에 재빨리 김을 올리고 그것을 둥글게 말아 낸다.
2 1을 한 김 식은 후에 먹기 좋은 크기로 자른다.

두부 햄 치즈 커틀릿

판두부 1/3모, 슬라이스 햄 1장, 슬라이스 치즈 1장, 달걀 1개, 밀가루 2큰술, 빵가루 4큰술, 소금과 후추 약간

1 두부는 적당한 크기로 잘라 소금과 후추를 뿌려 밑간을 한다. 그런 후에 두부의 2/3까지 칼집을 내고 슬라이스 햄과 슬라이스 치즈를 끼워 넣는다. 테두리는 크기에 맞추어 깔끔하게 자른다.
2 밀가루, 달걀물, 빵가루 순으로 튀김옷을 입히고 175도의 기름에서 노릇하게 튀겨 낸다.
3 튀겨 낸 두부 카츠는 키친페이퍼 위에 올려 여분의 기름을 빼 낸다. 그리고 그 위에 돈카츠 소스를 살짝 뿌린다.

간단한 시금치 멘쯔유 무침

멘쯔유 2큰술, 시금치 약간

1 시금치를 끓는 물에서 데친 후에 찬물에 헹구어 물기를 꼭 짠다. 그것을 먹기 좋은 폭으로 잘라 둔다.
2 뭉친 시금치는 손으로 잘 푼 후에 멘쯔유에 살짝 버무린다.

담기

도시락통 중앙에 미니 삼각 주먹밥과 두부 햄 치즈 커틀릿을 담는다. 김 달걀말이와 시금치 무침은 베이킹컵에 담는다. 그린 아스파라거스 베이컨 말이는 꼬치에서 빼내 데친 당근과 함께 빈틈을 메우듯이 담는다.

おざわ
ゆな

아이들이 좋아하는 귀엽고 예쁜 요리 아이디어

개성 만점 핸드메이드 소품

예쁜 도구나 소품을 구입할 수 있는 온라인 가게

엄마와 함께하는

아이디어 요리 6가지!

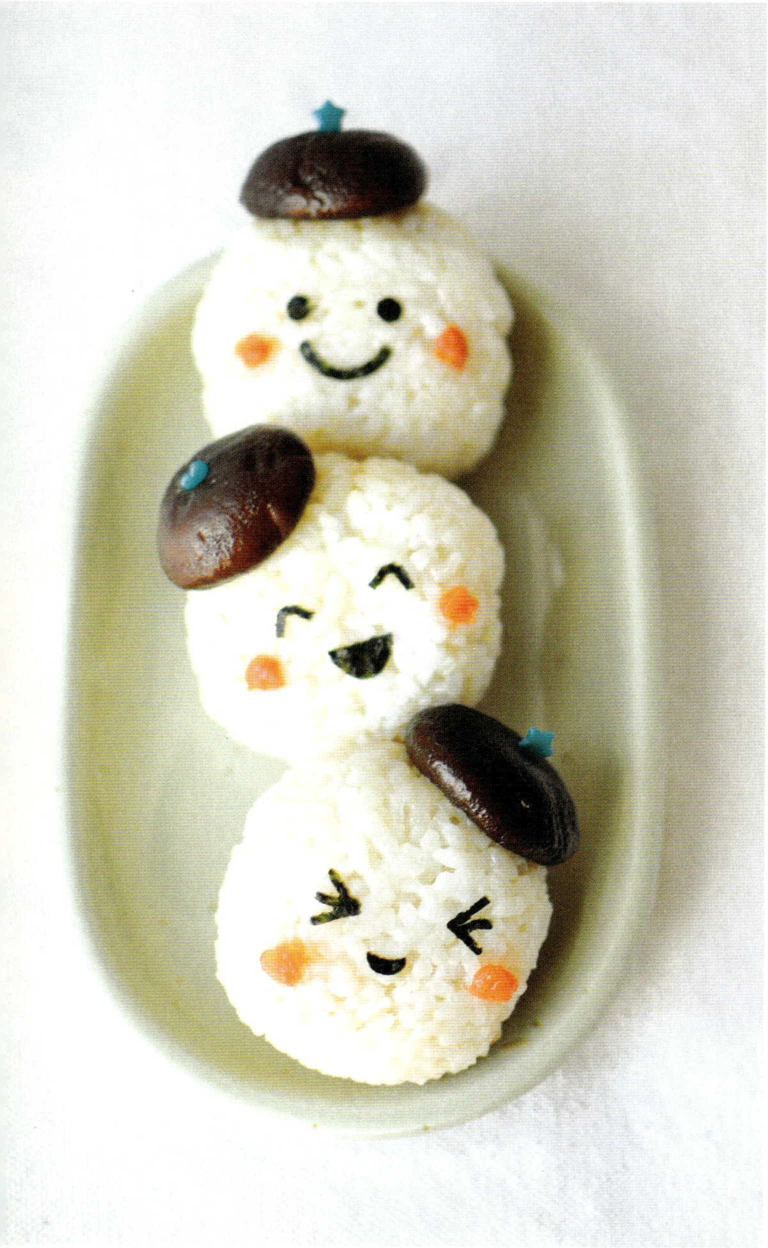

idea.1

표고버섯 베레모를 쓴

주먹밥 친구들

재료

밥 1공기, 다진 고기 50g, 표고버섯 3장, 다시마 또는 가쓰오부시 다시 1컵, 미림 1큰술, 간장 1큰술, 설탕 1작은술, 후추 약간, 김 약간, 우메보시 과육 약간

만드는 법

1 프라이팬에 다진 고기를 포슬포슬하게 볶다가 밑동을 제거한 표고버섯과 미림, 간장, 설탕, 다시를 넣은 후 국물이 거의 졸아들 때까지 조려 준다.
2 표고버섯은 건져 내고 조린 고기는 체에 받쳐 수분을 제거한다. 이때, 조림장은 따로 담아 둔다.
3 밥 1공기에 조림장 1큰술을 넣고 골고루 섞어 3등분으로 나눈 후, 체에 받쳐 둔 고기를 속에 넣고 둥글게 모양을 만든다.
4 김을 오려 얼굴을 만들고 우메보시 과육으로 볼을 만들어 준 후, 조려 둔 표고버섯을 피크로 고정해 베레모를 씌워 준다.

idea.2

핼러윈 호박 귀신

동글이 햄버그

재료

다진 고기 100g, 양파 1/2개, 빵가루 1큰술, 우유 1큰
술, 소금 1/2작은술, 후추 약간, 물 3컵, 케첩 2큰술,
돈카츠 소스 2큰술, 슬라이스 치즈 1장, 피망 1/4개,
채소 약간

만드는 법

1 프라이팬에 양파를 넣고 볶는다. 양파가 다 볶아
  졌으면 볼에 다진 고기, 빵가루, 우유, 소금, 후추를
  함께 넣고 골고루 치대서 햄버그스테이크 반죽을
  만든다.

2 1은 미트볼처럼 동그랗게 빚어 프라이팬에서 표
  면을 굴러 가며 구워 준다. 그리고 물을 1컵 붓은
  후 뚜껑을 덮어 속까지 확실하게 익혀 준다.

3 물이 거의 다 졸아들 때까지 익혔으면 뚜껑을 열
  고 케첩, 돈카츠 소스, 물 2컵(또는 데미그라스 소
  스 1컵)을 넣고 조려 준다.

4 소스가 절반으로 줄어들면 햄버그스테이크를 따
  로 덜어 내고 그 위에 슬라이스 치즈를 올려 준다.
  그것이 자연스럽게 녹아 햄버그스테이크를 감싸
  도록 한다. 햄버그스테이크가 식었을 때에는 전자
  레인지에 살짝 돌려도 된다.

5 데친 피망을 삼각형으로 잘라 눈과 입을 만들어
  붙인다. 그리고 취향에 맞는 채소들을 곁들여 접
  시에 담아낸다.

함께 파티 할까?

여우 도넛

재료

도넛, 스티로폼, 꼬치 또는 이쑤시개, 초콜릿, 생크림
또는 버터크림

만드는 법

1 동그란 모양의 도넛을 구입하거나 만들어 작게 자
른 스티로폼에 꼬치나 이쑤시개를 꽂은 후 예쁜
리본 등을 묶어 준다.
2 화이트초콜릿, 밀크초콜릿, 딸기초콜릿을 각각 녹
여 재미있게 얼굴을 만들어 주고 슬라이스 아몬드
를 꽂아 귀를 만들어 준다.

●TIP

생크림이나 버터크림 등을 이용해 몽글몽글
한 머리카락 등을 표현한다. 또는 크림이나
잼을 얇게 바르고 그 위에 땅콩 분태나 시리
얼 등을 입혀도 재미있다.

idea.4

사랑해~
하트 잼샌드

재료

식빵 4장, 달걀 1개, 마요네즈, 샌드위치용 햄 또는 잼

만드는 법

1 큼직한 하트 모양의 찍기로 식빵 2장을 찍고, 그 위에 덮을 빵은 작은 하트 모양 찍기로 찍어 낸다.

2 달걀은 삶아서 껍질을 벗긴 후에 잘게 다져 마요 네즈와 섞어 준비한다. 더불어 샌드위치용 햄이나 취향에 맞는 잼을 준비한다.

3 아랫부분의 식빵에 취향에 맞는 잼을 바르고 1의 식빵을 덮어 찍어 낸다. 작은 조각도 잼으로 고정 시켜 윗부분에 올려 준다. 샌드위치용 햄을 덮을 경우에도 햄을 큰 하트 모양 찍기로 찍어 내 끼워 준다.

숲속의

버섯돌이 토마토

재료

메추리알 2개, 방울토마토 2개, 마요네즈, 이쑤시개

만드는 법

1 메추리알은 삶아서 껍질을 벗긴 후, 세울 수 있게
밑부분을 약간 잘라 평평하게 만들어 준다.

2 방울토마토는 꼭지 부분을 1/4 정도 잘라 내고 티
스푼으로 속을 파내어 1의 메추리알을 씌운다.

3 이쑤시개 등을 이용하여 마요네즈로 작은 점들을
찍어 준다.

● TIP

김을 약간 잘라 눈과 입을 만들고 그것을 메
추리알에 붙여 얼굴을 만들면 귀엽게 보인다.
메추리알 대신 달걀을 삶아 점보 버섯돌이를
만들어 보는 것도 재미있다. 방울 토마토는
큰 것을 사용한다.

idea.6

곰돌이 자동차
붕붕 샌드위치

재료

달걀 1개, 감자 1개, 소시지 1개, 마요네즈 2큰술, 파르메산 치즈 가루 1/2큰술, 소금 1/4큰술, 스파게티 면 약간, 롤빵, 케첩

만드는 법

1 달걀과 감자를 삶아 열기를 충분히 식힌 후에 껍질을 벗겨 잘게 으깬다. 달걀에 마요네즈 1큰술, 감자에 마요네즈 1큰술, 파르메산 치즈 가루, 소금을 넣고 골고루 섞는다.

2 소시지는 뜨거운 물에서 데쳐 낸다. 펄펄 끓는 물에 넣고 데치면 소시지가 터지므로 약한 불에서 5~6분간 데쳐 식힌다.

3 스파게티 면 2가닥을 살짝 기름에 튀긴다.

4 롤빵을 2/3 지점까지 갈라 1의 달걀을 채워 넣고 1의 감자로 곰돌이 모양을 만들어 달걀소 위에 올린다.

5 소시지의 한 조각은 얄팍하게 잘라 핸들을 만들고 나머지 네 조각은 약간 도톰하게 잘라 타이어를 만든다.

6 롤빵의 네 귀퉁이에 튀긴 스파게티 면으로 타이어를 고정시키고 김을 잘라 곰돌이의 얼굴을 만든다. 그리고 케첩으로 볼 등의 포인트를 준다.

다양한 소품 모음

<모양내기 도구들>

① 모양틀

다양한 재질, 크기, 모양의 틀을 이용해 귀엽고 재미있는 요리를 만들 수 있다. 크기가 큰 철제 모양틀은 햄버그스테이크 반죽을 넣어 그대로 구워 낼 수도 있고 주먹밥이나 매쉬 포테이토 등을 넣어 모양을 만들 수도 있다.

사용 방법

슬라이스 치즈, 얇게 썰어 데친 당근, 샌드위치용 슬라이스 햄 등 적당히 얇은 것은 작은 플라스틱제 모양틀로도 찍기가 가능하다. 햄이나 피망처럼 한 번에 잘 잘리지 않는 식재료는 눌러 찍은 후, 좌우로 비틀면 깔끔하게 찍어 낼 수 있다.

② 김펀치

김펀치는 구운 김을 종이처럼 원하는 모양대로 찍어 내는 펀치다. 표정을 나타내는 것부터 하트, 꽃, 자동차 등의 모양틀까지 다양하게 있다. 김펀치는 조미되지 않은 생김이나 김밥용 김으로 찍어 내야 한다. 단, 생김의 경우 구워서 사용하도록 한다.

사용 방법

1 김을 넣는 곳 끝까지 김펀치를 잘 밀어 넣는다.
2 펀치를 단번에 힘차게 눌러 모양이 중간에서 끊어지지 않게 찍어 낸다.

③ 주먹밥 모양틀

나무, 플라스틱, 스테인리스 등 여러 재질과 크기, 모양이 있다. 일정하고 반듯한 모양의 주먹밥을 만들고 싶을 때 이용하면 좋다.

사용 방법

1 주먹밥 모양틀의 1/3 지점까지 밥을 담고 원하는 속 재료를 넣는다. 그리고 다시 2/3 지점까지 밥을 담고 뚜껑을 살짝 눌러 모양을 잡아 준다.
2 틀에서 부서지지 않게 톡톡 쳐 가면서 천천히 빼 낸다.
3 취향에 따라 여러 가지 식재료를 이용해 밥 위에 모양을 낸다.

④ 달걀 모양틀

뜨거운 달걀을 재빠르게 틀에 집어넣어 모양을 만들어 주는 틀로 역시 다양한 재질과 모양이 있다. 각 제품에 따라 달걀의
사이즈가 다르게 표기되어 있으므로 사이즈를 반드시 확인하고 사용해야 틀의 모양대로 예쁘게 만들 수가 있다.

사용 방법

1 삶은 달걀을 뜨거울 때, 재빠르게 껍질을 벗겨 모양틀에 올린다.
2 뚜껑에 딱 들어맞도록 덮은 후, 5~10분 정도 그대로 두었다가 달걀의 열기가 살짝 식었을 때 반으로 자른다.

<매트&코스트>

① 패브릭으로 만들기

준비물(4장분)

26cm×33cm 원단 8장 (앞면 4장, 뒷면 4장)
11cm×11cm 원단 8장 (앞면 4장, 뒷면 4장)
원단과 같은 계열, 혹은 눈에 띄지 않는 색의 실, 시침핀, 초크, 가위, 바늘, 미싱 등

만드는 법

1. 각 원단 1cm 안쪽에 초크로 선을 그린 후, 안쪽은 움직이지 않게 시침핀으로 고정시킨다.
2. 7~8cm 정도의 창구멍을 남겨 두고 4면을 모두 박음질한다.
3. 모서리 부분은 박음질한 선의 바로 앞까지 잘라 낸다. 그래야 뒤집었을 때, 천이 부풀지 않고 예쁘게 뒤집힌다.
   2의 창구멍을 이용해 뒤집어 준다.
4. 각각의 모서리는 뾰족한 것을 이용해 구석까지 뭉치거나 접히지 않게 완전하게 빼 준다.
5. 접히거나 덜 펴진 곳 없이 온전하게 뒤집었으면 매트가 부풀어서 움직이지 않게 테두리를 따라 일자박기로 눌러 박아준다.

② 종이로 만들기

준비물(4장분)

8절 도화지
색연필, 크레용, 파스텔 등의 그림 도구
알파벳 또는 숫자나 귀여운 모티브의 스탬프와 잉크

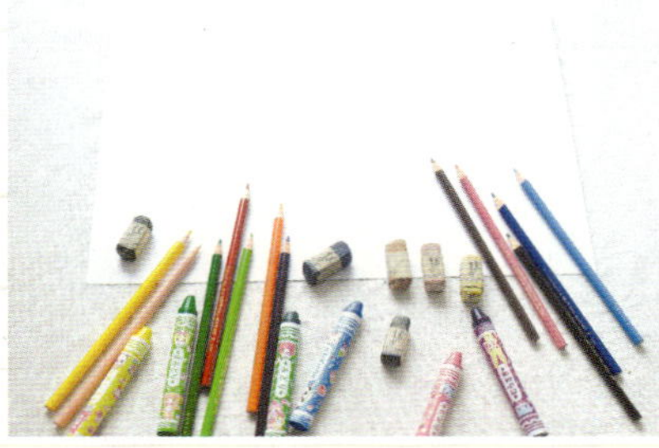

만드는 법

가족 모두가 모여 도화지에 자유롭게 그림을 그린다. 사용할 접시나 커트러리의 모양을 따라 그린 후에 색을 칠하거나 스탬프 등을 이용해 꾸민다.

펠트로 만들기

준비물(4장분)

24cm×30cm 펠트 4장
10cm×10cm 펠트 4장
각기 다른 색의 10cm×10cm 펠트 4장
취향에 맞는 모티브의 패턴(10cm×10cm 크기에 맞춰 준비)
귀여운 단추와 자수실 등

만드는 법

1 각기 다른 색의 펠트는 패턴을 본떠 잘라 준비한다.
2 원하는 단어나 가족의 이름, 메시지 등을 자수실로 수놓아도 좋다.
3 각각 매트나 코스트에 같은 계열의 실을 이용해 모티브에 홈질로 고정시킨다.
4 단추 등을 달아도 예쁘다.

| 매트&코스트 variation |

• 매트의 배리에이션

기본 디자인
두 가지 이상의 원단을 사용한 디자인
스푼 포켓 등의 아이디어 디자인
다양한 디자인과 크기의 매트와 코스트

냄비 잡이 만들기

준비물

도톰하게 펠팅한 15cm × 10cm 원단 6장(양쪽 앞면 4장, 뒷면 2장)
바이어스용 원단 20cm 가량, 걸이용 끈이나 리본 10cm
원단과 같은 계열 또는 무채색 계열의 실, 시침핀, 초크, 가위, 바늘, 재봉틀 등

만드는 법

1 원단 앞면의 두 장은 반으로 나누고 자른 부분을 바이어스한다. 그것을 앞면에 올리고 걸이용 끈이나 리본을 윗부분에 고정시킨다. 그리고 뒷면을 덮어 6~7cm 정도 창구멍을 남기고 박음질한다.
2 창구멍을 이용해 뭉치거나 접히지 않게 구석까지 완전하게 뒤집어 준다.
3 접히거나 덜 펴진 곳이 없게 온전히 뒤집었으면 부풀어서 움직이지 않게 테두리를 따라 일자박기로 눌러 박아 준다.

⟨피크⟩

① 테이프로 만들기

준비물

나무 꼬치나 이쑤시개
패브릭 테이프 또는 조각천, 양면테이프

만드는 법

1 패브릭 테이프를 적당한 크기로 자르거나 조각천을 잘라 둔다.
2 1에 양면테이프를 붙인 후, 가운데 원하는 길이에 나무 꼬치나 이쑤시개를 올린다.
3 2를 반듯하게 반으로 접어 붙인다.
4 일반 가위나 핑킹가위 등을 이용해 깔끔하게 끝부분을 잘라 낸다.

② 패브릭으로 만들기

나무 꼬치나 이쑤시개
패브릭 테이프 또는 조각천

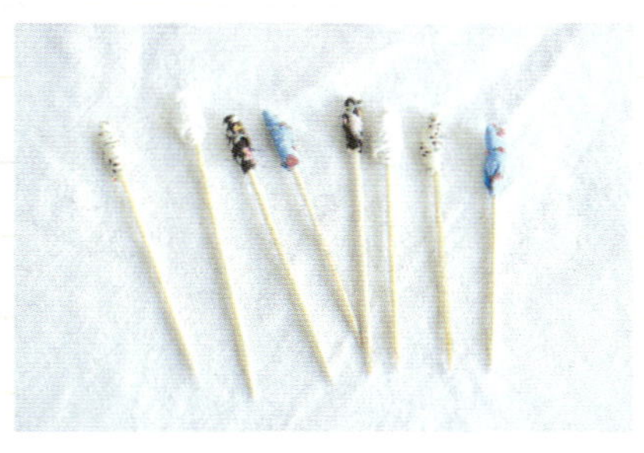

만드는 법

1 패브릭 테이프 1cm 정도나 조각천을 길게 잘라 양면테이프를 붙인다.
2 1에 나무 꼬치나 이쑤시개를 불규칙하게 둘둘 말아 준다.

TIP 패브릭 테이프나 종이 테이프는 온오프 문구점 등에 다양하게 있다.
이쑤시개보다 나무 꼬치를 길거나 짧게 다양한 길이로 잘라 사용하면 더욱 유니크한 멋을 낼 수 있다.

③ 스티커로 만들기

준비물

나무 꼬치나 이쑤시개
크기가 균일한 스티커

만드는 법

1 스티커의 정중앙에 나무 꼬치나 이쑤시개를 고정시킨다.
2 다른 스티커 한 장을 덮어 붙인다.

TIP 같은 크기와 모양이 아닌 스티커를 이용할 때는 뒷면에 같은 크기의 종이를 오려 붙이거나 스티커가 아닌 인쇄된 종이라
면 같은 크기로 뒷면을 준비한 후에 양면테이프나 풀을 이용해 붙이면 된다.

① 종이로 프레임 만들기

준비물

나무 꼬치나 이쑤시개
패브릭 테이프 또는 조각천,
양면테이프

만드는 법

1 다양한 색깔과 무늬의 종이를 접어 프레임을 만든다.
2 스티커나 프린트한 알파벳 등을 이용해 이름을 쓰고 마음에 드는 스티커로 포인트를 준 후, 1에 끼워 카드 꽂이에 꽂아 준
  다.
3 심플한 모티브를 모양에 따라 오린 후에 펀치나 스티커 등을 이용해 꾸며 준다.
4 3에 이름을 적어 카드 꽂이에 꽂아 준다.
5 원하는 길이, 크기대로 크레용이나 색연필을 이용해 자유롭게 꾸며 준다.

TIP 판매되고 있는 명함 크기의 네임 카드, 메시지 카드 등을 이용해도 좋다.

② 철사로 카드꽂이 만들기

준비물

크기가 균일한 스티커
나무 꼬치나 이쑤시개

만드는 법

1 연필이나 둥근 젓가락 등, 원하는 크기의 원형을 표현할 수 있는 재료를 골라 팽팽하게 잡아당기는 느낌으로 타이트하게
  3~4바퀴 돌려 감아 준다.
2 스티로폼이나 무게가 있는 고무덩어리(또는 지우개) 등에 1의 철사를 깊숙하게 꽂아 넘어지지 않게 고정시킨다.

③ 카드 스탠드 이용하기

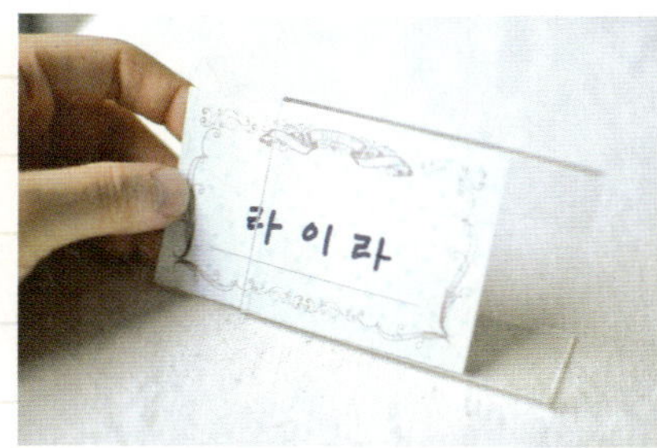

만드는 법

잡화점이나 문구점 등에 가면 '카드, 메시지 스탠드'라는 상품명으로 판매되고 있는 것을 구매해 사용해도 무방하다. 전체가
투명한 아크릴이기 때문에 아이디어만 있다면 얼마든지 다양하게 배열할 수 있다.

④ **리본으로** 네임 카드 묶기

크기가 균일한 스티커
나무 꼬치나 이쑤시개

만드는 법

1 리본으로 고정시킬 수 있는 소품이나 식기에 원하는 색의 리본을 예쁘게 묶어 고정시킨다(예를 들면, 와인 잔의 손잡이 부분, 손잡이가 달린 머그잔의 손잡이 부분, 카트러리 등을 한데 모아서 묶을 때).
2 스티로폼이나 무게가 있는 고무덩어리(또는 지우개) 등에 1의 철사를 깊숙하게 꽂아 넘어지지 않게 고정시킨다.

〈그 외 다양한 피크들〉

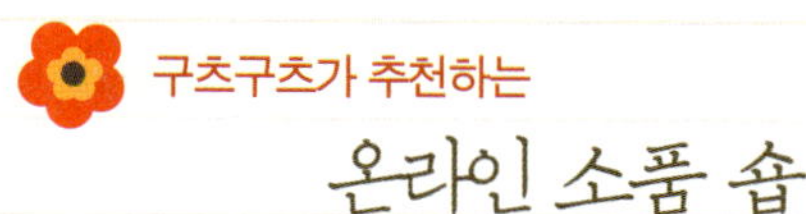

구츠구츠가 추천하는
온라인 소품 숍

다라데코 www.daradeco.com

카페풍의 예쁘고 귀여운 주방 도구는 물론, 소품과 식기류가 가득하다. 과하지 않으면서도 세련된 스타일의 키친 용품들을 보면 주인장의 뛰어난 감각을 엿볼 수 있다. 전천후로 사용할 수 있는 모던한 식기들은 양식, 일식, 한식에 제한 없이 다양한 색깔의 마마스 쿡을 연출하기에 부족함이 없다. 가격 또한 저렴하다.

스푼 센스 www.spoonsense.com

그야말로 센스가 넘치는 스푼과 포크, 나이프 등 커트러리가 가득한 보물창고다. 여러 가지 다양한 스푼들은 전부 사서 꽁꽁 숨겨 두고 싶을 정도로 독특하고 예쁘다. 풀코스의 디너부터 오후의 티타임까지 맘에 쏙 드는 커트러리를 만날 수 있다.

초콜릿 나무 www.chotree.com

아름다운 여유를 표방하는 초콜릿 나무는 이름 그대로 아늑하고 편안한 분위기를 연출하는 온라인 키친 숍이다. 홈파티를 빛내 줄 예쁘고 고급스러운 소품과 식기들이 많은 곳으로도 유명하다. 모두가 부러워 할 우아하고 화려한 식기들은 사이트를 둘러보는 내내 감탄사를 연발하게 할 것이다.

캐피다오 www.caphydao.com

먹는 사람은 물론, 만드는 사람까지도 즐거움이 배가될 수 있게 해 주는 곳이다. 일본에서 직수입된 귀엽고 아기자기한 식기와 커트러리는 물론, 유니크한 조리 도구들이 즐비하다. 이런 곳에서 요리의 완성도를 더욱 높여 주고 손쉽게 조리 시간을 단축시켜 줄 당신만의 요리도구를 찾아보는 건 어떨까?

더 많은 아이들이 행복해질 수 있는
사랑 넘치는 식탁을 꿈꾸며

참 생각지도 못한 기회가 왔다. 그저 내 아이들과의 즐거운 식사를 위해 하나둘 적어 냈던 '마마스 쿡'의 레시피들을 모아 책으로 엮을 생각이 없느냐는 제의였다. 단순하게 나와 내 아이들이 도란도란 즐겁게 하던 식사가 책으로 나온다고 생각하니 어리둥절하기도 하고 두근거리기도 하였다.

그때부터 한 권의 책을 만들기 위해 모든 걸 혼자서 감수해야 하는 작업이 시작되었다. 멀리 일본에 있는 탓에 원고 쓰기와 조리는 물론, 사진 촬영과 보정까지. 그렇게 1년도 더 지난 지금, 나는 또 하나의 자식과도 같은 『테마가 있는 주말요리20』의 에필로그를 적고 있다.

나와 내 아이들의 이야기가 가득하고 내 아이들이 직접 먹었던 메뉴들이 소개되는 여러 가지로 나에겐 참 의미 있는 책. 그렇기에 '이 책을 통해 좀 더 가치 있는 일을 할 수 있지 않을까?'라는 고민은 어찌 보면 당연한 일이었다.

이 책을 작업하는 동안 나는 내 아이들과 따뜻하고 근사한 시간을 보냈고, 또 영양 많고 사랑이 가득한 음식과 함께하는 가정의 평안함을 경험하게 되었다. 하지만 어찌 보면 평범한 일상일 수도 있는 이러한 시간을 나누지 못하는 아이들이 주변에는 의외로 많다. 그런 몇 명의 아이들에게 조금이라도 내가 경험한 즐거움과 평안함을 선사할 수 있다면……

나는 지난 5월 한 케이블 방송에서 개최하는 일반인 대상의 요리 서바이벌 프로그램에 참가하였다. 거기에서 생각지도 못하게 총 참가자 6,500여 명 중에 7위라는 놀라운 성적을 거두었다. 하지만 그것보다 더 고맙고 감사했던 건 그 프로그램을 통해 나의 요리 스승이자 인생

의 멘토인 김소희 셰프님을 만났다는 사실이다. 그녀는 내게 참 많은 것을 주셨다. 그리고 받음에 익숙하지 않은 내게 "어려울 때 받은 도움은 내가 누군가를 도울 수 있을 때, 그 누군가를 위해 세상에 조금씩 갚아 내면 된다."라고 가르쳐 주셨다. 그래서 나는 미미하지만 누군가를 위해 내가 세상에서 받은 빚을 조금씩 갚아 내려 한다.

내 아이들만을 위한 밥상이 아닌 더 많은 아이들을 위한 밥상이 될 수 있게 이 책의 인세 전액을 결식아동들을 위해 사용하고 싶다. 지금 이 책을 읽고 있는 당신의 따뜻한 마음과 함께……

중간 중간 참 많은 일들이 있었고 작업 또한 자주 끊어졌다. 그래서 아라크네의 정규보 편집부장님과 최진경 디자이너님을 하염없이 기다리게도 하였다. 그들에게 감사의 말을 전한다.

— 2013년 11월 일본 도쿄에서

www.childfund.or.kr
후원문의 1588-1940

나중에 하면
안되는 일
사랑한다는 고백
그리고
아이들을 살리는 일
초록우산
어린이재단

THE BEST OIL COLLECTION
· FROM THE NATURE ·

ANDALUCIA OLIVE OIL

'풍부한 과일향과 고소한 맛'을
담은 백설 안달루시아산 올리브유

백설 안달루시아산 올리브유는
품질 좋은 올리브 생산지인 스페인 안달루시아
지방에서 만들어 더욱 특별합니다.
특히, 상큼한 과일향과 고소한 맛을 지닌 오히블랑카
열매 100%로 만들어 올리브 본연의 맛과
향을 더욱 잘 느끼실 수 있습니다.

Our olive oil from the special variety is rich flavored and aromatic.
Andalusia is the most famous for its product superior
quality olives, our olive oil is made of andalucia olive only.
Our premium olive oil is very good for bread, salad and the stir fied dishes.

내 아이와 함께하는 테마가 있는 주말요리 20

초판 1쇄 인쇄 2013년 11월 20일
초판 1쇄 발행 2013년 11월 25일

지은이 백성진

펴낸이 김연홍
펴낸곳 아라크네

출판등록 1999년 10월 12일 제2-2945호
주소 121-865 서울시 마포구 성미산로 187(연남동)
전화 02-334-3887 **팩스** 02-334-2068

ISBN 978-89-98241-22-3 13590